U0411267

高等学校环境艺术设计专业教学丛书暨高级培训教材

# 室内空间设计

（第二版）

清华大学美术学院环境艺术设计系

李朝阳　编著

中国建筑工业出版社

**图书在版编目(CIP)数据**

室内空间设计/李朝阳编著. —2版. —北京：中国建筑工业出版社，2005
(高等学校环境艺术设计专业教学丛书暨高级培训教材)
ISBN 978-7-112-07621-5

Ⅰ.室… Ⅱ.李… Ⅲ.室内设计：空间设计—高等学校—教材 Ⅳ.TU238

中国版本图书馆CIP数据核字(2005)第060738号

本书是在第一版的基础上修订的第二版。

本书从空间的角度系统地阐述了室内空间设计的基本概念、基本原则和设计方法。内容强调室内空间设计是对建筑空间的再创造和具体深化，空间是建筑的主体，是室内设计的重点表现对象。本书主要阐述空间的功能、比例、尺度、虚实的变化，以及这些变化给人带来的生理和心理感受。此外，还对空间的分隔与联系、空间的组织、空间与形状、色彩、采光、质感之间的相互关系等也作了介绍，并从设计原则和设计方法上作了进一步诠释。

本书可作环境艺术设计专业教学用书，也可供室内设计师、建筑师、景观设计师阅读。

* * *

责任编辑：曲士蕴　胡明安
责任设计：董建平
责任校对：刘　梅　李志瑛

高等学校环境艺术设计专业教学丛书暨高级培训教材
**室内空间设计**
(第二版)
清华大学美术学院环境艺术设计系
李朝阳　编著
*
中国建筑工业出版社出版、发行（北京西郊百万庄）
各地新华书店、建筑书店经销
北京云浩印刷有限责任公司印刷
*
开本：880×1230毫米　1/16　印张：8¼　插页：12　字数：250千字
2005年7月第二版　2011年10月第二十次印刷
定价：**37.00**元
ISBN 978-7-112-07621-5
(13575)



本社网址：http://www.cabp.com.cn
网上书店：http://www.china-building.com.cn

# 第二版前言

艺术，在人类文明的知识体系中与科学并驾齐驱。艺术，具有不可替代完全独立的学科系统。

国家与社会对精神文明和物质文明的需求，日益倚重于艺术与科学的研究成果。以科学发展观为指导构建和谐社会的理念，在这里决不是空洞的概念，完全能够在艺术与科学的研究中得到正确的诠释。

艺术与科学的理论研究是以艺术理论为基础向科学领域扩展的交融；艺术与科学的理论研究成果则通过设计与创作的实践活动得以体现。

设计艺术学科是横跨于艺术与科学之间的综合性边缘性学科。艺术设计专业产生于工业文明高度发展的20世纪。具有独立知识产权的各类设计产品，以其艺术与科学的内涵成为艺术设计成果的象征。设计艺术学科的每个专业方向在国民经济中都对应着一个庞大的产业，如建筑室内装饰行业、服装行业、广告与包装行业等等。每个专业方向在自己的发展过程中无不形成极强的个性，并通过这种个性的创造以产品的形式实现其自身的社会价值。

正是因为这样的社会需求，近年来艺术设计教育在中国以几何级数率飞速发展，而在所有开设艺术设计专业的高等学校中，选择环境艺术设计专业方向的又占到相当高的比例。在这套教材首版的1999年，可能还是环境艺术设计专业教材领域为数不多的一两套之列。短短的五六年间，各种类型不同版本的专业教材相继面世。编写这套教材的中央工艺美术学院环境艺术设计系，也在国家高校管理机制改革中迅即转换成为清华大学的下属院系。研究型大学的定位和争创世界一流大学的目标，使环境艺术设计系在教学与科研并行的轨道上，以快马加鞭的运行状态不断地调整着自身的位置，以适应形势发展的需求，这套教材就是在这样的背景下修订再版，并新出版了《装修构造与施工图设计》，以期更能适应专业新的形式的需要。

高等教育的脊梁是教师，教师赖以教学的灵魂是教材。优秀的教材只有通过教师的口传身授，才能发挥最大的效益，从而结出累累的教学成果。教师教材之于教学成果的关系是不言而喻的。然而长期以来艺术高等教育由于自身的特殊性，往往采取一种单线师承制，很难有统一的教材。这种方法对于音乐、戏剧、美术等纯艺术专业来讲是可取的。但是作为科学与艺术相结合的高等艺术设计专业教育而言则很难采用。一方面需要保持艺术教育的特色，另一方面则需要借鉴理工类专业教学的经验，建立起符合艺术设计教育特点的教材体系。

环境艺术设计教育在国内的历史相对较短。由于自身的特殊性，其教学模式和教学方法与其他的高等教育相比有着很大的差异。尤其是艺术设计教育完全是工业化之后的产物，是介于艺术与科学之间边缘性极强的专业教育。这样的教育背景，同时又是专业性很强的高校教材，在统一与个性的权衡下，显然两者都是需要的。我们这样大的一个国家，市场需求如此之大，现在的教材不是太多，而是太少，尤其是适用的太少。不能用同一种模式和同一种定位来编写，这是摆在所有高等艺术设计教育工作者面前的重要课题。

当今的世界是一个以多样化为主流的世界。在全球经济一体化的大背景下，艺术设计领域反而需要更多地强调个性，统一的艺术设计教育模式无论如何也不是我们的需要。只有在多元的撞击下才能产生新的火花。作为不同地区和不同类型的学校，没有必要按照统一的模式来选定自己的教材体系。环境艺术设计教育自身的规律，不同层次专业人才培养的模式，以及不同的市场定位需求，应该成为不同类型学校制定各自教学大纲选定合适教材的基础。

环境艺术设计学科发展前景光明，从宏观角度来讲，环境的改善和提高是一个重要课题。从微观的层次来说中国城乡环境的设计现状之落后为科学的发展提供了广大的舞台，环境艺术设计课程建设因此处于极为有利的位置。因为，环境艺术设计是人类步入后工业文明信息时代诞生的绿色设计系统，是艺术与艺术设计行业的主导设计体系，是一门具有全新概念而又刚刚起步的艺术设计新兴专业。

**清华大学美术学院环境艺术设计系**

**2005 年 5 月**

# 第一版编者的话

自从1988年国家教育委员会决定在我国高等院校设立环境艺术设计专业以来，这个介于科学和艺术边缘的综合性新兴学科已经走过了十年的历程。

尽管在去年新颁布的国家高等院校专业目录中，环境艺术设计专业成为艺术设计学科之下的专业方向，不再名列于二级专业学科，但这并不意味环境艺术设计专业发展的停滞。

从某种意义上来讲也许是环境艺术设计概念的提出相对于我们的国情过于超前，虽然十年间发展迅猛，在全国数百所各类学校中设立，但相应的理论研究滞后，专业师资与教材奇缺，社会舆论宣传力度不够，导致决策层对环境艺术设计专业缺乏了解，造成了目前这样一种局面。

以积极的态度来对待国家高等院校专业目录的调整，是我们在新形势下所应采取的惟一策略。只要我们切实做好基础理论建设，把握机遇，勇于进取，在艺术设计专业的领域中同样能够使环境艺术设计在拓宽专业面与融汇相关学科内容的条件下得到长足的进步。

我们的这一套教材正是在这样的形势下出版的。

环境艺术设计是一门新兴的建立在现代环境科学研究基础之上的边缘性学科。环境艺术设计是时间与空间艺术的综合，设计的对象涉及自然生态环境与人文社会环境的各个领域。显然这是一个与可持续发展战略有着密切关系的专业。研究环境艺术设计的问题必将对可持续发展战略产生重大的影响。

就环境艺术设计本身而言，这里所说的环境，是包括自然环境、人工环境、社会环境在内的全部环境概念。这里所说的艺术，则是指狭义的美学意义上的艺术。这里所说的设计，当然是指建立在现代艺术设计概念基础之上的设计。

"环境艺术"是以人的主观意识为出发点，建立在自然环境美之外，为人对美的精神需求所引导，而进行的艺术环境创造。如大地艺术、人体行为艺术由观者直接参与，通过视觉、听觉、触觉、嗅觉的综合感受，造成一种身临其境的艺术空间，这种艺术创造既不同于传统的雕塑，也不同于建筑，它更多地强调空间氛围的艺术感受。它不同于我们今天所说的环境艺术，我们所研究的环境艺术是人为的艺术环境创造，可以自在于自然界美的环境之外，但是它又不可能脱离自然环境本体，它必须植根于特定的环境，成为融汇其中与之有机共生的艺术。可以这样说，环境艺术是人类生存环境的美的创造。

"环境设计"是建立在客观物质基础上，以现代环境科学研究成果为指导，创造生态系统良性循环的人类理想环境，这样的环境体现于：社会制度的文明进步，自然资源的合理配置，生存空间的科学建设。这中间包含了自然科学和社会科学涉及的所有研究领域。因此环境设计是一项巨大的系统工程，属于多元的综合性边缘学科。

环境设计以原在的自然环境为出发点，以科学与艺术的手段协调自然、人工、社会三类环境之间的关系，使其达到一种最佳的运行状态。环境设计具有相当广的涵义，它不仅包括空间环境中诸要素形态的布局营造，而且更重视人在时间状态下的行为环境的调节控制。

环境设计比之环境艺术具有更为完整的意义。环境艺术应该是从属于环境设计的子系统。

环境艺术品也可称为环境陈设艺术品，它的创作是有别于艺术品创作的。环境艺术品的概念源于环境艺术设计，几乎所有的艺术与工艺美术门类，以及它们的产品都可以列入环境艺术品的范围。但只要加上环境二字，它的创作就将受到环境的限定和制约，以达到与所处环境的和谐统一。

为了不使公众对环境设计概念的理解产生偏差，我们仍然对环境设计冠以“环境艺术设计”的全称，以满足目前社会文化层次认识水平的需要。显然这个词组包括了环境艺术与设计的全部概念。

中央工艺美术学院环境艺术设计专业是从室内设计专业发展变化而来的。从20世纪五六十年代的室内装饰、建筑装饰到七八十年代的工业美术、室内设计再到八九十年代的环境艺术设计，时间跨越四十余年，专业名称几经变化，但设计的对象始终没有离开人工环境的主体——建筑。名称的改变反映了时代的发展和认识水平的进步。以人的物质与精神需求为目的，装饰的概念从平面走向建筑空间，再从建筑空间走向人类的生存环境。

从世界范围来看，室内装饰、室内设计、环境艺术、环境设计的专业设置与发展也是不平衡的，认识也是不一致的。面临信息与智能时代的来临，我们正处在一个多元的变革时期，许多没有定论的问题还有待于时间和实践的检验。但是我们也不能因此而裹足不前，以我们今天对环境艺术设计的理解来界定自身的专业范围和发展方向，应该是符合专业高等教育工作者的责任和义务的。

按照我们今天的理解，从广义上讲，环境艺术设计如同一把大伞，涵盖了当代几乎所有的艺术与设计，是一个艺术设计的综合系统。从狭义上讲，环境艺术设计的专业内容是以建筑的内外空间环境来界定的，其中以室内、家具、陈设诸要素进行的空间组合设计，称之为内部环境艺术设计；以建筑、雕塑、绿化诸要素进行的空间组合设计，称之为外部环境艺术设计。前者冠以室内设计的专业名称，后者冠以景观设计的专业名称，成为当代环境艺术设计发展最为迅速的两翼。

广义的环境艺术设计目前尚停留在理论探讨阶段，具体的实施还有待于社会环境的进步与改善，同时也要依赖于环境科学技术新的发展成果。因此我们在这里所讲的环境艺术设计主要是指狭义的环境艺术设计。

室内设计和景观设计虽同为环境艺术设计的子系统，但从发展来看室内设计相对成熟。从20世纪60年代以来室内设计逐渐脱离建筑设计，成为一个相对独立的专业体系。基础理论建设渐成系统，社会技术实践成果日见丰厚。而景观设计的发展则相对落后，在理论上还有不少界定含混的概念，就其对“景观”一词的理解和景观设计涵盖的内容尚有争议，它与城市规划、建筑、园林专业的关系如何也有待规范。建筑体以外的公共环境设施设计是环境设计的一个重要部分，但不一定形成景观，归类于景观设计中也不完全合适，所以对景观设计而言还有很长一段路要走。因此我们这套教材的主要内容还是侧重于室内设计专业。

不管怎么说中央工艺美术学院环境艺术设计系毕竟走过了四十余年的教学历程，经过几代人的努力，依靠相对雄厚的师资力量，建立起完备的教学体系。作为国内一流高等艺术设计院校的重点专业，在环境艺术设计高等教育领域无疑承担着学术带头的重任。基于这样的考虑，尽管深知艺术类教学强调个性的特点，忌专业教材与教学方法的绝对统一，我们还是决定出版这样一套专业教材，一方面作为过去教学经验的总结，另一方面是希望通过这套书的出版，促进环境艺术设计高等教育更快更好地发展，因为我们深信21世纪必将是世界范围的环境设计的新世纪。

**中央工艺美术学院环境艺术设计系**

**1999年3月**

# 目　录

## 第1章　室内空间的概念



## 第2章　室内空间造型



## 第3章　室内空间设计方法

# 第1章 室内空间的概念

## 1.1 空间是建筑的主体，室内设计是对建筑空间的再创造

建筑与人们的生活最为密切和广泛，创造一个适合人类生存的空间，是建筑活动的主要目的和基本内容。无论在生产过程或日常生活中，室内空间与人之间的联系更为直接、更为贴切、更为亲密。过去人们对建筑的理解一般只注重建筑的实体部分，例如建筑的外轮廓、建筑的各个细部及装饰等等。就建筑艺术而言，形象的整体性，各部分的比例以及对称、排比、节奏、韵律等传统的审美法则，也都是指其实体部分。其实，建筑的实体和其围合而成的空间是一个有机体。建筑以空间为主要物质形式，我们的日常生活总是占有空间的，无论起居、交往、工作、学习等，都需要一个适合于这些生活活动的室内空间。可见，室内空间的设计效果影响着人们的物质和文化生活。

因此，室内空间不但反映人们的生活活动和社会特征，还制约人和社会的各种活动；它不但表现人类的文明和进步，而且又影响着人类的文明和进步，制约着人和社会的观念和行为。人们在时代、民族、地域的物质生活方式必将在室内空间上得到反映；人们在各种活动中所寻求的精神需求，审美理想也必然会在室内空间艺术中得到满足。这也正是展现室内空间文化价值的必然前提。

当前在艺术方面的书籍中涉及建筑的部分，有大量的篇幅用来描述建筑物的实体（如造型方面、绘画方面、雕塑方面、社会方面、有时甚至心理方面），而不是用来阐述建筑的实在性或建筑的空间这些本质问题。当然，这样的资料也有它的价值。这好比不熟悉中国语言的外国人，如果要想读懂唐诗宋词，显然感到需要学习中国文化历史背景，甚至其中词汇的含义，需要通过学习唐诗宋词的格律和句法，来感悟其中句子的意蕴；也还需要学习东方天人合一的哲学观和历史观以及了解诗人本人一生的经历及心理活动的演变。但在这一系列准备过程中，如果忽视了原先的动机和最终的目的要深刻体会唐诗宋词的深层次含义，那就有些避重就轻、本末倒置了。

反过来就建筑而言，如果我们既不能在理论上认识空间，也不能学会将这种认识用于评判建筑的核心因素，而只使用各种适于描述绘画、雕塑、音乐等艺术领域中的语言（如生动、形象、栩栩如生等），那么我们最多也只能对空间作抽象思维式的赞赏，而不能作具体体验式的鉴赏。对建筑的学习和研究必将局限于文字上的成果，例如：社会因素（功能方面）、施工图的数字（技术方面）、体块和装饰上的特征（造型和绘画方面）等。这些方面无疑是有用的，但如果省略了空间这个精粹部分，仅靠它们来表述对建筑及室内的评价，则不能起多大作用。因此，我们所使用的这些词汇，像节奏、尺度、均衡、体量等，若不赋予决定建筑的特有的实在内容—空间，那它们必定仍旧是空泛的。

既然建筑的主要内容是内部空间，那么是不是所谓“好看”的建筑其内部空间又都是“好看”的呢？显然不是，就像从未有人混淆过包装外壳的价值和它所装的产品的价值。漂亮的外表不见得其本质也漂亮，不漂亮的外表也不见得其本质就丑陋。在实际生活中，我们也常常可以见到外壳和内容明显不一致的建筑。把由墙面构成的外壳作为构思和加工的对象，超过

了对建筑的室内空间本身的注意。这种情况实在是太普遍了。这类建筑不是我们理解的真正意义上的“好”建筑，因为它忽视“空间”这一主题。换句话说，若不能将建筑的真实感，通过空间传达出来；若不能将那种内部空间吸引人，令人振奋并富有诗意的精神方面具体表现出来，那就不能算作真正意义的建筑，空间也不能算作真正意义上的室内环境艺术。显然，室内设计的任务就是对建筑所提供的室内空间的完善和再创造。

说到这里，我们可能会产生一些误解，认为空间不仅是建筑的“主体”（注意，这里要说明的是：“主体”和“主角”不是一个概念。“主体”是建筑重点关注的主要方面，它附属于建筑；而“主角”则是主宰空间的主观因素，即“人”）；而且代表了建筑体验的全部内容。并且认为就空间来评论建筑，是感受建筑的惟一的最佳切入点。这都是需要澄清的。

大家都知道，室内空间是由许多具有不同特质的因素共同形成的，诸如内部空间结构形成的围合以及色彩、照明、材质、绿化、室内陈设等，都对室内空间效果产生重要的作用。我们认为空间是建筑的主体，并不意味着空间可以离开其他因素而独立存在。美丽的装饰从来不可能创造美丽的空间效果，这是不容置疑的。那么下述事实也同样不容置疑，即令人愉悦的空间，如果未辅以围合墙面的恰当处理，也是不能创造美观的空间环境的。在日常生活中，美观的房间被恶劣的配色、不相称的家具和不良的照明效果以及庸俗的陈设品和装饰织物等所破坏的情况也是屡见不鲜的。毫无疑问，这些因素是相对次要的，也是比较容易改正的；而室内空间则需要相对固定，需要整体把握，同时还需要考虑经济方面的、社会方面的、技术方面的、功能的、宗教的及审美方面的价值因素，只有这样才能较全面地诠释室内空间的真正含义。

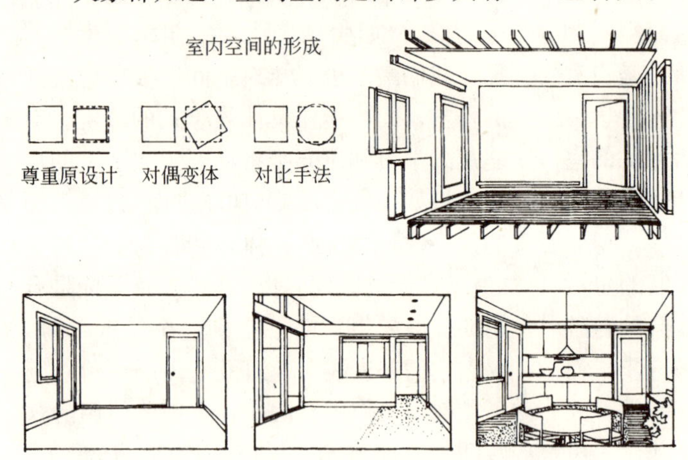

两旁的植物造型装饰，使原本理性的空间添上一抹亮色

改变原空间感觉，而又保持原空间风格

增强空间情趣和艺术氛围

通过曲线造型的对比，使空间令人耳目一新

简洁的造型，加上具有自然气息的现代装饰，使空间颇具性格魅力

## 1.2 室内空间设计的宏观要求

由此看来，室内设计(尤其是空间设计)就愈发显得重要了，是环境艺术设计在室内的重要体现。

说到这里，不能不阐述一下“环境艺术”这个概念。环顾我们的地球，你会发现21世纪的大门已经打开。人类正面临有史以来最严峻的环境危机，环境问题日益成为人类生存的头号课题，人类是环境的创造者，人类社会改造了环境，环境反过来影响着人类社会。

室内设计作为一门空间艺术，不可置疑地被涵盖在环境艺术设计之下。从环境艺术设计的观点出发，由建筑外部空间所构成的围合性场所，也具有某种内部空间的特征，从而成为室内环境设计的一部分。从环境保护的角度出发，当代室内设计应是一种“绿色设计”。在发达国家的室内设计领域，已开始了绿色设计的研究与实践，这里包含着两个层面：一是现在所用的大部分室内装修材料，如涂料、空调之类，都在不同程度地散发着污染环境的有害物质，必须采用新技术使其达到洁净的绿色要求；二是在室内外空间大量运用绿化手段，用绿色植物创造生态环境。过去在室内设计，尤其在室内空间设计中，只注重对实体的营造，如何美观，如何大方，却忽略室内空间的使用者——人的存在。人被纷乱繁复的各种陈设、装饰左右得无所适从，完全被掩盖于其中，忽视了创造室内空间的“主角”——人的使用。对历史主义、民族情调、怀旧情绪、人性化的追求，已成为当今设计思潮中一种不可忽视的力量。这是人性与理性在新的历史时期的设计领域里的大搏斗。

回顾过去，我们体会到，一部建筑史，无疑也是一部室内空间形态不断演变、发展和丰富的历史。从古希腊的封闭空间、古罗马的静态空间、早期基督教具有方向性的动态空间到开敞空间；从罗曼内斯克式幽暗的空间、高直高耸的空间，文艺复兴时期亲切宜人的空间到巴洛克富于动态的空间，以及现代流动连续的空间、生动丰富的共享空间直至当代的着力于人情味的生态空间及充满想像力的层次空间等等，均标志着人们对空间的理解。由文艺复兴时期三维的透视概念，发展为包含时间和心理因素的四维、五维的时空概念。对空间的创造也已经冲出箱式，依物质和精神功能的双重要求，打破室内外及层次上的界限，而着眼于空间的延伸、穿插、交错、复合、模糊、变换等不同空间的创造。呈现出由简单向复杂，由封闭向开敞，由静态向动态，由理性向感性转换的态势，逐步形成了一整套现代室内空间设计的一些理论、观点和方法，使室内空间的创造因此而获得了前所未有的充分自由。正如日本建筑师丹下健三所说的那样：“在现代文明社会中，所谓空间，就是人们交往的场所。因此随着交往的发展，空间也不断地向更高级、有机化方向发展。”

展望未来，我们更加清醒地认识到，环境意识将成为室内设计的主导意识。从发展的眼光看，未来的室内设计必须是配合其他门类的环境艺术设计整体系统。从这一概念出发，任何一项没有环境整体意识的艺术与设计，都只能是失败的设计；同样，那种缺乏人性化的设计也必然是不成功的设计。当然，室内空间设计也应遵循这一原则，这是无法回避的。从这方面来理解，“室内设计”不同于原来所谓的“室内装饰”这一概念。“室内装饰”的目的在于美化，在建筑师提供的内部空间中，对空间围护面进行绘画、雕塑和涂脂抹粉的妆点修饰，各个因素之间缺乏有机的联系和协调。而现代室内设计的重心，则从建筑空间转向时空环境(三度空间加上时间因素)，以人为主体，强调人的参与和体验，强调室内空间设计；对建筑所提供的内部空间进行处理，在建筑设计的基础上进一步调整空间的尺度和比例，解决好空间与空间之间的衔接、对比、统一等问题。

空间是建筑的最主要的目的，也是建筑的最根本的内容。结构和材料构成空间，采光和照明展示空间，装饰为空间增色。空间：空的部分——是建筑的主体、目的、内容、重点；而实的部分——结构、材质、采光、装饰等是手段。“实”仅仅是为了实现“空”的部分而存在。以空间容纳人、组织人；以空间的力量影响人、感染人。这是作为现代室内设计体现的本质特征所在。

另外，现代室内设计还具有以下特征：强调创造艺术、科技等各门类的相互渗透、异种杂交；强调人与空间、人与物、空间与空间、物与空间、物与物之间的相互关系；强调信息化及现代科技、材料、工艺的综合体现与应用，新的宏观效果和微观肌理效果的追求；强调室内空间设计应适应高效益、高节奏、高物质文明的时代特色；强调空间设计应体现对气候的调整，能源的消耗等这一深层次要求；强调“一切皆为我用”的创造手法。调动和使用各种艺术的、技术的手段，使设计达到最佳的形、色、光、材、声的匹配效果，创造出令人愉悦的、值得人们赞叹的室内空间环境来。

环境是一个有机的整体。在这个环境觉醒的新时代，环境科学的产生和环境艺术的振兴是对环境这一概念的新的注释。可以归纳出环境艺术的当代特征主要有两点：即“人的主体性”和“环境的整体性”。

人的主体性：体现在三个方面：第一是多元化。强调最大限度地满足各种人的多元化审美趣味的审美需要。第二是参与。大众已不是学徒式的欣赏者，而是通过多种渠道和方式参与环境艺术的创造。第三是共享。不同的人种、民族、阶层、观念和生活方式的人，通过丰富的非语言交流而共处共享。

环境的整体性：反映在两个方面：第一是共生，多种艺术门类兼容共生，各种艺术手段的表现方式融为一体。第二是文脉，强调特定空间范围内的环境因素与环境整体保持时间和空间的连续性，建立和谐的对话关系。

折射到室内空间环境上，实际也是多种个体文化因素在特定的室内环境中互动而成的，具有新的整体功能的宏观结构，具有相对的独立性。当然它也不可能超越群体文化结构的历史氛围，而总是与同一时代的群体文化结构形成某种时空对应关系。这种群体文化结构(如经济制度、政治制度、法律制度、科学技术、哲学、宗教、艺术、民俗、语言等等)的相互综合形成的整体特征往往在局部文化结构(如室内空间环境)中显现出来。这样，才能使我们在创造室内空间环境时能够表现丰富多彩的文化背景和时代背景。

## 1.3　人对室内空间的感受

前面已经提到，环境艺术包括室内空间环境，离不开人的参与和感知。人对室内空间的感受和体验是由人的整个身躯和所有知觉包括逻辑的判断感受到的，通过人体的眼、耳、鼻、肌肉等器官不断输送到大脑，其中眼睛需要感受到连续的视觉形象。人在一秒钟之内可以捕捉到18个不同的动与静的物体的由各种线、面、体、棱、角和颜色构成的图形；耳能听到室内空间环境的背景声，如人声、水声、音乐及各种活动和机械发出的种种不明显的声音；人的皮层与肌肉又随时都在感触着各种不同软硬、粗细的材质以及周围环境的不同温度和湿度的影响。如果失去了这些信息，人的各种感受将无法存在。

对室内空间环境的整体性把握是设计的一个关键因素。虽然统一协调的原则很重要，但不能过分强调。如果过分统一，结果必将造成单调无味、空洞无物、缺乏主次关系；而过分繁琐、复杂又易于使人感到混乱、不安。最令人不快的室内环境正是这种失去了复杂与统一之间的均衡的结果。而这正是大脑受到了过度刺激或刺激不足造成的。室内空间的效果影响着人们情感的控制与变化。心理学的试验表明，当人在用色过度的室内空间里，或在空旷、沉闷、隔声的房间中分别停留数小时后所得到的反应是不一样的。过度刺激引起了人的呼吸的快慢和脉搏跳动的改变，以及肌肉紧张和由此造成的疾病；刺激不足则对人的个性产生影响。在一段时间的无趣、厌倦和孤独之后，人易于表现出某种过度的情感反应和明显的知觉衰退。如不耐烦、不灵敏、多疑、不易集中注意力等。这些都表明室内空间环境中输入丰富的知觉变化是生活所必需的，人应当努力增进这一环境中的财富。

人在室内空间中的活动是通过行动过程感知的。当穿过某种环境时，不同的空间印象来自知觉的改变。建筑师查尔斯·摩尔(Charles. Moore)在为一个部分失明的业主设计的住宅中，用一个带木扶手的弯曲走廊做引导，并借助阳光和阴凉的差异、穿堂风的感觉、室内喷泉的水声、室内花园的清香味及墙面与地面的强烈的材质和色彩的对比，帮助了使用者辨别位置与方向。这一设计强调了人的空间感知的活力。正是这种室内的三度空间通过一定时间因素而形成五度空间——心理空间。

诚然，人所处的各种室内空间都在传递着无形的信息。各类建筑都通过空间表达着自己的历史和作用，使人们感到亲切、巨大、空旷、幽闭、朴素、华丽、神秘、敬畏、安全或秘密。室内环境艺术也是空间序列中的韵律，人们生活在由不同大小、明暗、高矮、颜色、声音和温度变化组成的统一体之中。我国古代园林以其独特的东方手法创造了种种便于观赏、交往或进行私密活动的环境，以其丰富多变的过渡性空间、分隔与对比的空间、开敞与闭合的空间、引导视线流动与唤起好奇的空间、给人们以预感和形成交流的空间、引起人们错觉与梦幻的空间，将大自然的色、香、声、光、影、山、水与人工的结构设施、装饰图案和情趣融为一体，充分体现了人类空间知觉的丰富多彩。

人塑造了空间，而后空间又塑造着人，影响着人的感觉和行为。在设计中注意空间感知的活力将使我们的室内空间环境更充实、有意义并有利于人性的展现。

## 1.4 室内空间的类型

室内空间的多种类型是基于人们丰富多彩的物质和精神生活的需要。日益发展的科技水平和人们不断求新的开拓意识，必然还会孕育出多种多样的室内空间。这也是我们寻求室内空间变化的突破口。

建筑空间有内部空间和外部空间之分，而内部空间即室内空间又可分为固定空间和可变空间两大类。固定空间是在建造房屋时形成的，是由墙、顶、地围合而成的，所以可称为室内的主空间。在固定空间内用隔墙、隔断、家具、绿化、水体等把空间再次划分成不同的空间，这就是可变空间，即次空间。

内部空间又可分为封闭空间和开敞空间两大类。和外部空间联系较少的称为封闭空间；和外部空间联系面较大的称为开敞式空间，其主要特点是墙面少，大部分空间与空间的联系以大玻璃或空廊联系。

还有一种划分的方法，就是把内部空间分为实体空间和虚拟空间。实体空间的特点是空间范围明确，空间与空间之间有明确的界限，私密性较强。虚拟空间的特征是空间范围不明确，私密性小，处于实体空间内，因此又称空间里的空间。虚拟空间有相对的独立性，能够为人们所感觉，亦可称之为心理空间。

另外，室内空间还有几种常见的空间类型，诸如结构空间、动态空间、静态空间、流动空间、共享空间等等。各种空间关系如下：

室内空间
↓
固定空间→可变空间→母子空间
↓　　　　↓　　　　↑
实体空间→虚拟空间→心理空间
↓　　　　↓　　　　↓
封闭空间→开敞空间→动态空间
↓　　　　↓
静态空间　室外空间

### 1.4.1 开敞空间

开敞空间中开敞的程度取决于有无侧界面、侧界面的围合程度、开洞的大小及启闭的控制能力等。一个房间四壁严实，就会使人感到封闭、堵塞；而四面临空则会使人感到开敞、明快。由此可见，空间的封闭或开敞会在很大程度上影响人的精神状态。开敞空间是外向性的，限定度和私密性较小，强调与周围环境的交流、渗透，讲究对景、借景，与大自然或周围空间的融合。和同样面积的封闭空间相比，要显得大些，开敞些。心理感觉表现为开朗、活跃，性格是接纳、包容性的。

开敞空间经常作为室外空间与室内空间的过渡空间，有一定的流动性和很高的趣味性。这也是人的开放心理在室内环境中的反馈和显现。开敞空间可分为两类：一类是外开敞式空间，另一类是内开敞式空间。

1. 外开敞式空间　这类空间的特点是空间的侧界面有一面或几面与外部空间渗透，当然顶部通过玻璃覆盖也可以形成外开敞效果。

室内与室外环境保持高度联系

2. 内开敞式空间　这类空间的特点是从空间的内部抽空形成内庭院，然后使内庭院的空间与四周的空间相互渗透(这个内庭院可以根据功能要求有玻璃顶，也可以不带玻璃顶)。有时为了把内庭院中的景致引入到室内的视觉范围，整个墙面处理成透明的玻璃窗；而且还可以将内庭院中的一部分引入室内，使内外空间有机地联系在一起。另外还可以把玻璃都去掉，使内外空间融为一体，与内庭院的空间上下通透；与内外的绿化相互呼应，使人感觉生动有趣，颇具自然气息。

此内开敞空间使人犹如置身于室外环境

空间向内开敞与四周相互渗透

### 1.4.2 封闭空间

用限定性比较高的围护实体包围起来的，无论是视觉、听觉、小气候等都有很强隔离性的空间称为封闭空间。具有很强的区域感、安全感和私密性。这种空间与周围环境的流动性和渗透性都不存在。随着围护实体限定性的降低，封闭性也会相应减弱；而与周围环境的渗透性则相对增加。但与其他室内空间相比，仍然是以封闭为特点。有时在不影响特定的封闭功能的原则要求下，为了打破封闭的沉闷感，经常采用镜面、人造景窗及灯光造型处理等来扩大空间感和增加空间的层次。

### 1.4.3 流动空间

所谓流动空间就是三度空间加时间因素。具体地说就是若干个空间是相互连贯的、流动的，人们随着视点的移动可以得到不断变化的透视效果，从而使人产生不同的心理感受。因此流动空间的主旨是不把空间作为一种消极静止的存在，而是把它看作一种生动的富有活力的因素，尽量避免孤立静止的体量组合，追求连续的运动的空间形式。空间在水平和垂直方向都采用象征性的分隔，而保持最大限度的交融和连续，视线通透、交通无阻隔或极少阻隔，打破了古典建筑那种机械、呆板的空间分隔方法，而代之以自由、灵活的空间分隔。有的地方强调“透”，有的地方强调“围”，大大丰富了空间的变化和层次。

我们在处理流动空间过程中，不能不从平面布局开始入手。没有灵活的平面划分，也不能形成有机的流动空间。因此，流动空间是以开放的平面为基础的，另外，钢铁和钢筋混凝土的新结构技术，可以将支撑部分缩减为纤细的骨架，这就提

空间封闭性很强，使人感到亲切和私密

随着视线的流动，令空间相互连续不断变化

与室外相互渗透，空间灵活多变

供了实现灵活或开放式平面的现实条件。大家都见过一座钢筋混凝土或钢铁框架房屋的建造过程，支柱和楼板先从基础上建造起来一直到顶，这时任何内外墙都还没有树立起来，内部的隔墙不起承重作用；现在可以采用薄的、曲面的、可随意移位的隔墙。这就有可能将室内各空间联系起来，甚至在一般的住宅中，也可能使起居室与餐厅相互渗透，门厅也可以缩小，以便给起居室增加一些面积，卧室变小了。如果在纳入商品生产的标准平面和服从城市分区的各种限制的市区住宅尚且能做到这些，那么这种开放或平面在独立式的、伸缩性大、内部可以划分再划分的室内空间里，其施展的余地就更大了，不论在结构骨架较为固定的建筑空间里或是在结构本身也追求灵活变化的建筑中，都是如此，都可以创造出灵活多变的流动空间来。

流动空间作为现代建筑空间的一种类型，必然要具有现代建筑中的功能主义因素，还要从具体的使用要求出发。尽管流动空间体现了对空间连续性和灵活多变的平面变化，不管达到多好的效果，却并不是最终目的，而是有生命力的社会生活过

空间功能不同，通过象征性划分，既独立又保持视觉和交通的极大流动性

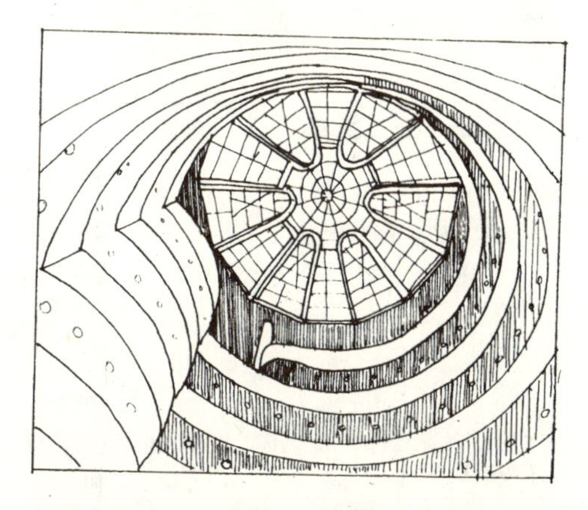

平缓的螺旋坡道，令空间相互交融。空间造型具有极大的流动性

程对室内空间要求的必然结果。也同样并非出于某种审美需要，而是功能上考虑的结果。因为采取了灵活的、有想像力的空间形式，这一点就立即隐退而被忽略了，这是我们在处理流动空间时需要注意的先决条件。密斯·凡·德·罗在1929年巴塞罗那展览会建造的那种开放的德国展览馆，其结构构件的布置完全是严格几何形的，但建筑体积则被分散开来了。连续的空间用垂直平面来分隔，但完全没有构成封闭的、在几何形体上是静止的部分，相反，创造了一种随观看角度的移动而畅通无阻的流线。这是流动空间在现代空间主题运用的一种典型实例。在弗兰克·劳埃德·赖特的设计中，追求空间的连续性更带有开朗活泼的特色，他的建筑集中围绕内部空间的生活真实情况。在赖特看来，开放平面并非在一种建筑体块的范围内的推敲，而是从一个中心向各方向延伸出各空间而表现出来的一种最后结果，因此所产生的戏剧性就具有大胆和丰富的特色。这也是纯粹追求功能主义的人所梦想不到的。

流动空间充满着动感、方位的诱导性和透视感、生动和明朗的创造。它的动感是有创造性的，因为其目的不在于追求眩目的视觉效果，而是寻求表现人们生活在其中的活动本身。它不仅仅是一种时尚，而是寻求创造一种不但本身美观而且能表现居住其中的人们有机的活动方式的空间。

**1.4.4　动态空间**

动态空间引导人们从“动”的角度观察周围事物，把人们带到一个由三维空间和时间相结合的“第四空间”。动态空间一般分为两种：一种是包含动态设计要素所构成的空间，即客观动态空间；另一种是建筑本身的空间序列引导人在空间的流动以及空间形象的变化所引起的不同的感受，这种随着人的运动而改变的空间称为主观动态空间。像流动空间、共享空间、交错空间及不定空间等基本上都可以说是动态空间的某种具体体现。

上下层空间相互贯通，使竖向空间流动感很强，活泼而又富有情趣

自动扶梯和两侧的瀑布流水，使整个空间充满强烈的动势

光影的变幻、通道的交错、人流的移动，使空间充满动态

1. 客观动态空间的特征

（1）利用机械化、电气化、自动化的设施，如电梯、自动扶梯、旋转地面、可调节的围护面、各种活动雕塑以及各种信息展示等，形成丰富的动势。

（2）采用具有动态韵律的线条，组织引入流动的空间序列，产生一种很强的导向作用，方向感比较明确；同时空间组织也可灵活，使人的活动路线不是单向而是多向的。

（3）利用自然景观，如瀑布、花木、喷泉、阳光等造成强烈的自然动态效果。

（4）利用视觉对比强烈的平面图案和具有动态韵律的线型。

（5）借助声光的变幻给人以动感音响效果，已被普遍地应用于室内设计中，其中包括优美的音乐、小鸟的啼鸣、泉水和瀑布的响声等。这些音响的运用，其目的在于尽快消除人们的疲劳，使空间充满诗一般的温馨意境。

光的运用可分为自然光和人工灯光。光线的变化可使空间具有一定的动感，还可以和其他手法结合运用，使空间变化丰富。自然光的利用也是很普遍的，一些共享空间和不定空间利用此手段都取得了很好的空间效果。

（6）通过楼梯、陈设、家具等，可使人时停、时动、时静，节奏感便凸现出来了。

（7）利用匾额、楹联等启发人们对历史、典故的动态联想。

2. 主观动态空间

由于人的位置移动而感受到的流动变化的空间，可理解为主观动态空间。我们强调空间是建筑艺术特有的表现形式。之所以特殊，就是因为空间既不同于绘画的二维空间艺术，也不同于雕塑的三维空间艺术。建筑是可以进入它的内部去使用观赏的，人们可以随着位置的移动和时间的变化观察到不同位置的空间而产生不同感受的视觉效果。无论是在空间引进动态因素，或是利用空间设计的流动手法，都是为了给人以生命运动的感受，使人充满健康向上的活力。当然该动则动，该静则静，把握好动与静的分寸才会使动态空间更加有序，使人的心理空间更加充实。

### 1.4.5 静态空间

人们热衷于创造动态空间，但仍不能排除对静态空间的需要，这是基于动静结合的生理规律和活动规律。人们常说生命在于运动，但总不能无休止地保持高度亢奋状态。动与静是相辅相成的，没有“静”也就无所谓“动”，只不过静态空间相对于动态空间来说，“静”的因素大于“动”的因素而已。这也是为了满足人心理上对动与静的交替追求。静态空间常见有如下特征：

（1）空间的限定度较强，与周围环境联系较少，趋于封闭型；

（2）多为对称空间，可左右对称，亦可四面对称，除了向心、离心以外，很少有其他的空间倾向，从而达到一种静态的平衡；

（3）多为尽端空间，空间序列到此结束，算是画上了句号，这类位置的空间私密性较强；

（4）空间及陈设的比例、尺度相对均衡、协调，无大起大落之感；

（5）空间的色调淡雅和谐，光线柔和，装饰简洁；

（6）人在空间中视觉转移相对平和，没有强制性的过分刺激的引导视线因素存在。因此静态空间总给人以恬静、稳重之感。

向心式空间，对称式布局，舒缓的造型，使空间平和而静谧

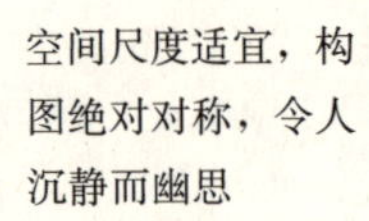

空间尺度适宜，构图绝对对称，令人沉静而幽思

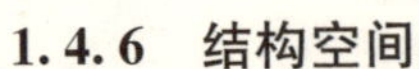

### 1.4.6 结构空间

通过对建筑结构构件的外露部分，来感悟结构构思及营造技艺所形成的空间环境，可称为结构空间。过去人们按老观念观赏室内空间时，总是认为经过一定装饰处理过的才具有美感，把一些结构构件隐蔽在装饰的下面，如同一个天生丽质的少女，非要包装得花里胡哨。尽管很美，但使人感觉到的是一种美艳，总觉得少女的自然美被庸俗化的装饰冲击得荡然无存。这起码令人不大舒服。事实上，有些具有一定美感的结构构件，其本身就带有某种装饰性，会给人带来一种质朴的美感。特别是随着新技术、新材料的发展，人们对结构的精巧构思和高超技艺有所接受，从而更加增强了室内空间艺术的表现力与感染力，这也已成为现代空间艺术审美中极为重要的倾向。若充分利用合理的结构本身，会为视觉空间艺术创造提供明显的或潜在的条件。结构的现代感、力度感、科技感和安全感是真实美、质朴美的体现，比之繁琐和虚假的装饰，更具有令人震撼的魅力。

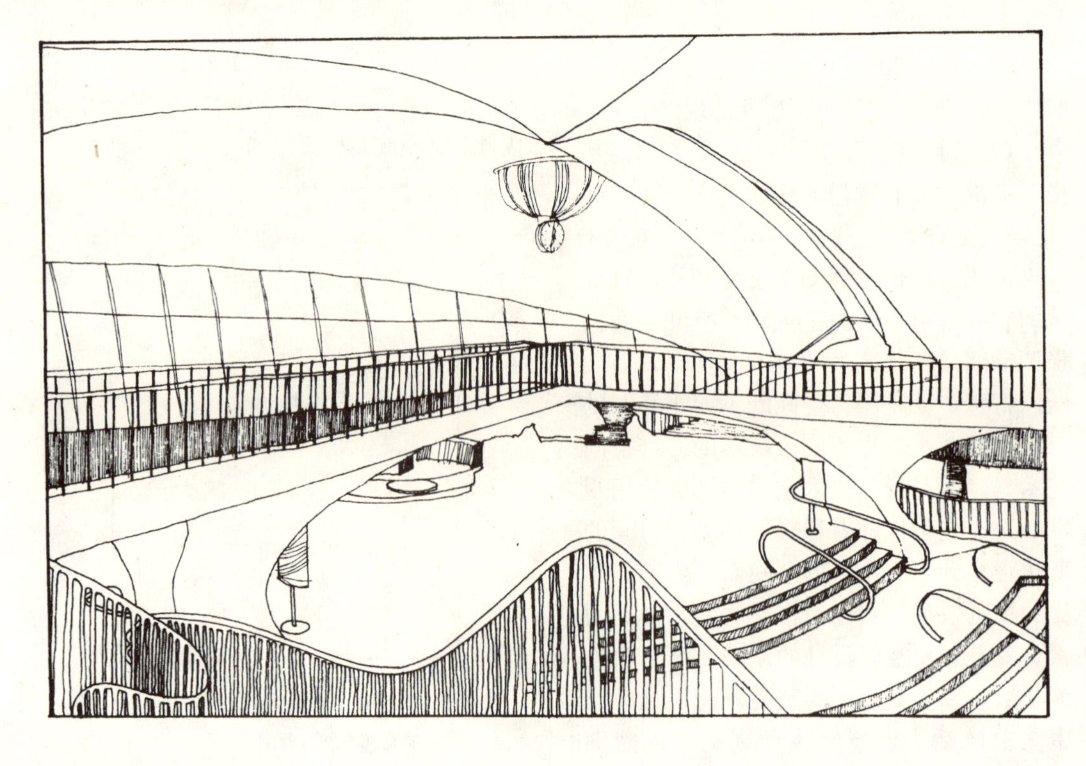

机场空间完全尊重原结构形式，使新技术、新材料得到了完美的展现，质朴而又现代，令人震撼

内部结构、管道完全暴露，坦荡无遗，体现出强烈的功能美、结构美

钢结构的造型，拓展了空间的装饰理念，也使空间设计拥有很大的自由度

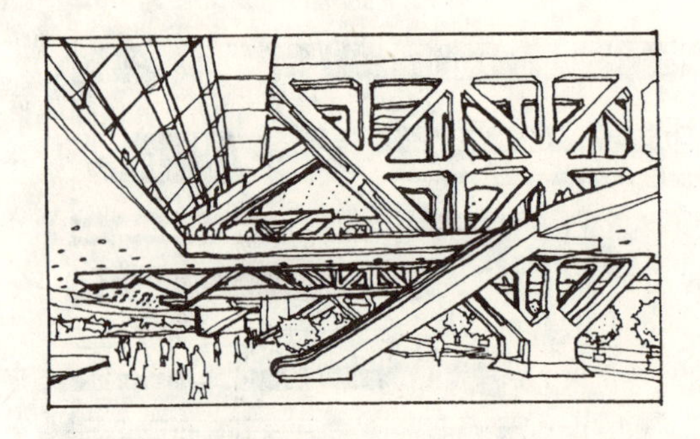

结构表现出的力度和动势，成为空间中的绝对视觉要素

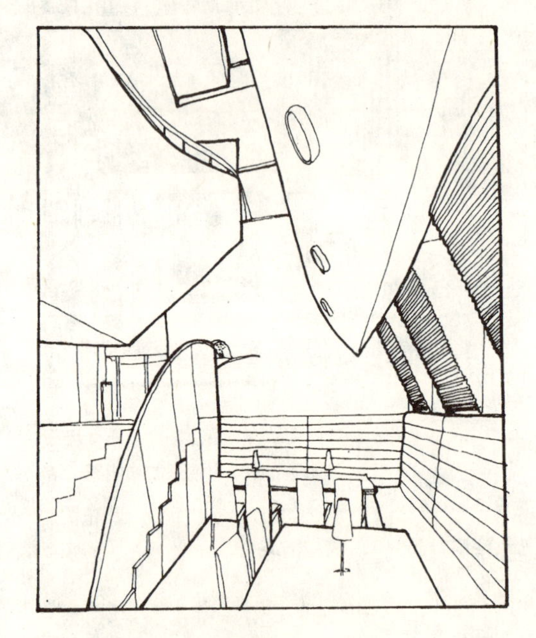

结构的形式使空间造型充满动态和流动性

### 1.4.7 虚拟空间

虚拟空间是一种既无明显界面，又有一定范围的建筑空间。它的范围没有十分完整的隔离形态，也缺乏较强的限定度，只靠部分形体的启示，依靠联想来划分空间，所以又称“心理空间”。这是一种可以简化装修而获得理想空间感的空间。它往往处于母空间中，与母空间流通而又具有一定独立性和领域感。

虚拟空间的作用表现为两个方面，首先是功能使用上的需要。例如一个多功能大厅，由于不同的使用要求，需要把一个大的空间分隔成许多相对独立的小空间；为体现大空间的整体性，就要使这些小空间虽然分隔又要互相联系。例如一个旅馆大堂，既要有各个服务部分，又要有旅客的休息区等，如果把这样一个门厅分解成许多互不相关的小空间，那效果必然是零乱而缺乏统一，也就不成为大堂了。波特曼设计的旧金山海特摄政旅馆，由于虚拟空间处理得恰到好处，取得了闹中取静的效果。该旅馆大厅充分利用了地面高低错落的变化，或延伸挑檐，形成各种不同形式的虚拟空间。这些虚拟空间的功能又各有不同，有休息区，有庭院绿化，有酒吧、餐厅等等。所有的虚拟空间既有联系，又有相对的独立性。

另一方面是精神功能的需要。为满足人们精神上的需求，空间应有较丰富的变化，甚至可以创造某种虚幻的境界，更大限度地满足了人们的精神需求。波特曼设计的另一个亚特兰大旅馆大厅，其中的虚拟空间主要是为了满足人们的精神需要。当人们坐在突出的圆形空间中，就如同一叶扁舟漂在水面上，更如同悬浮在空中的飞艇，使人得到一种心理满足和奇特效果，充分体现了虚拟空间的精神功能。

虚拟空间可以借助列柱、隔断、隔墙、家具、陈设、绿化、水体、照明、色彩、材质及结构构件等因素形成。这些因素往往也会形成室内空间中的重点装饰，为空间增色。有时还可以通过各种围护面的凹凸悬空楼梯及改变标高等手段，同样可以构成虚拟空间的效果。下面均是由虚

圆形地毯划分出一块区域，给人一种心理上的安全感

休息和工作两个区域只是用柱子和顶棚变化来划分，既相互连通，又有其独自的领域感

波特曼的亚特兰大旅馆大厅，水面上的圆形空间，满足了人们心理上的私密感

圆形空间和透空廊架都能造成虚拟的空间效果

对称中蕴含着不对称，层次难以捉摸

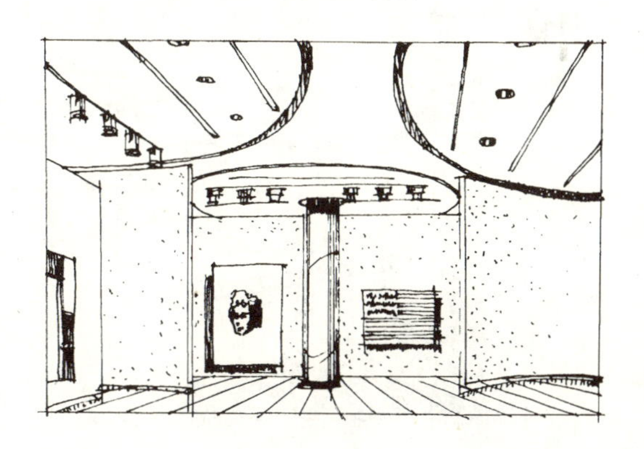

墙与墙的倾斜就位，仿佛外墙的开洞，使空间似是而非，令人感到新奇

拟空间衍生出来的特定空间类型：

1. 改变顶棚及地面的落差

在室内空间中，要想取得既有联系又有其相对独立性的空间，抬高或降低地面的标高是较常见的作法。

(1) 地台空间

室内地面局部抬高，抬高面的边缘划分出的空间可称为地台空间。由于地面抬高，为众目所向，给人的感觉是外向的，具有扩张性和展示性。处于地台上的人们，有较强的方位感，视野开阔，一览无余。直接把台面当座席、床位或在台上放置家具、陈设，台下贮藏并安置各种设备管道。这是把家具、设备与地面结合，充分利用空间，创造新颖空间效果的较好办法。

地面的局部抬高，加上栏杆的强化，具有很强的领域感和方位感

地台给儿童空间带来无限生机

在地台上休息、交往，虽具有展示性，但私密感也很强

(2) 下沉空间

室内地面局部下沉，可限定出一个范围比较明确的空间，称之为下沉空间。这种空间的底面标高较周围低，有较强的围护感，给人的感觉是内向的、收敛的。人处于下沉空间中，视点降低，环顾四周，新鲜有趣。下沉的深度一般要由环境条件和使用要求而定，有时为了加强围护感，充分利用空间，提供导向和美化环境，在高差边界处可以安排一些座位、柜架、绿化、围栏及陈设等。但由于受到结构的限制，设计时往往靠抬高周围地面来形成下沉空间。

空间的地面下沉，边界清晰而层次丰富

(3) 悬浮空间

室内空间在垂直方向的划分采用局部降低吊顶或是吊其他饰物时，上层空间的底界面不是靠墙或柱支撑，而是依靠吊杆悬吊，因而使人有新奇的悬浮之感。由于底面无支撑结构，因而可以保持视觉空间的通透完整、轻盈飘逸，底部空间的区域感也可以得到加强。另外有的悬空楼梯下的空间同样可以被巧妙地利用起来，充分发挥其美化室内空间的功能。通常的手法是在楼梯下辟出一块休息区，这部分空间就具有一定的私密感。也有在楼梯下设一水体，或进行绿化，使其空间效果更具悬浮感。

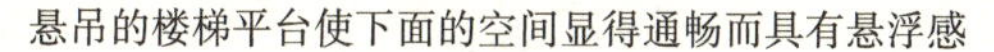

悬吊的楼梯平台使下面的空间显得通畅而具有悬浮感

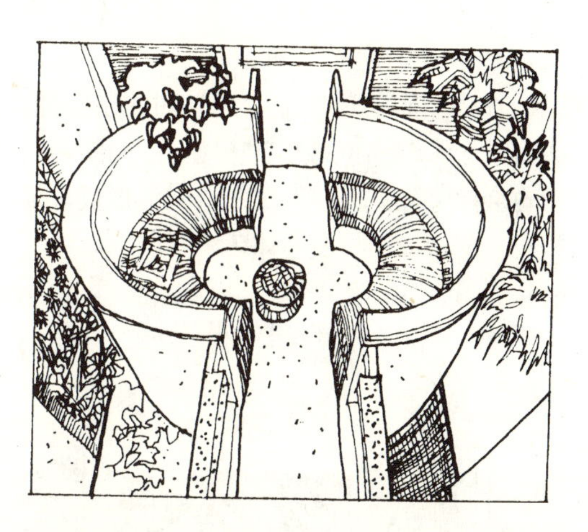

用梁架设的凌空小空间，像悬浮在空中，独立性和趣味性都很强

2. 大空间中的小空间

此种空间类型也可称之为母子空间。母子空间是对空间的二次限定，是在原空间(母空间)中，用实体或象征性的手段再限定出的小空间(子空间)，既能满足使用方面的功能要求，又能丰富空间层次，强化空间效果。许多子空间，比如在大空间中围起的办公小空间，或在大餐厅中分隔出的包厢等，往往因为有规律地排列而形成一种有节奏的韵律。它们既有一定的领域感和私密性，又与大空间有相当的沟通和联系，是闹中取静，很好地满足群体与个体在大空间中各得其所、融洽相处的一种空间类型。

装饰性小亭子，既能使人休息交谈，又使大空间接近室外气氛

3. 垂直围护界面的凹凸

(1) 凹入空间

凹入空间是在室内某一围护墙面或角落局部凹入的空间。通常只有一面或两面开敞，受干扰较小，其领域感和私密性随凹入的深度变化而变化，可作为休息、餐饮、睡眠等用途的空间。

凹入空间的顶棚应较大空间的顶棚低，否则就会影响围护感和趣味性，空间的区域感也会随之降低。一般凹入空间的形成，要视母空间墙面结构及整体环境而定。

空间大中有小，小中见大，满足了不同的使用要求

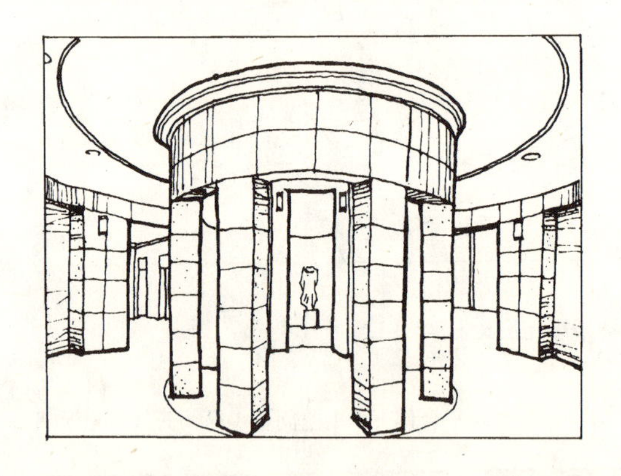

大空间中通过围合，又形成一小空间，并成为空间的趣味中心

凹入式墙面具有壁龛的效果，丰富了空间层次

空间中的墙面凹入后，成为视觉重点

这种窑洞式的凹入空间，一面敞开，感觉又像是一个独立空间

(2) 外凸空间

如果凹入空间的垂直围护面是外墙，并且有较大的窗洞，这便是外凸空间了。这种空间是室内凸向室外的部分，可与室外景观有机地融为一体，视野也较为开阔。

通透的外凸空间与室外空间充分贯通，引入了外界的自然景致，同时又具有一定独立性

左侧墙面外凸是学习工作的好去处

#### 1.4.8 不定空间

由于人的意识和行为有时存在捉摸不定，模棱两可的现象，“是”与“不是”的界限并不明确，反映在室内空间中，就出现了一种超越绝对界限的(功能的或形式的)、具有多种功能涵义的、充满复杂和矛盾的中性空间，即不定空间。这些矛盾主要表现在围透之间；公共活动与个人活动之间；自然与人工之间；室内与室外之间；形状的交错叠盖、增加和削减之间；可测与变幻莫测之间；正常与反常之间；实际存在的限定与模糊边界感之间等等。像上述讲的外凸空间，如果变成玻璃顶时，就会产生一种既像室外，又像室内的一种不定空间。

对于不定空间，人们在注意选择的情况下，接受那些被自己当时的心境和物质需要所认可的方面，使空间形式与人的感知相吻合，使空间的功能更加深化，从而能更充分地体现现代社会生活的时尚。

空间的相互交错，使人无法判断出边界感

在巨大的顶棚遮盖下，使室内、室外的感觉和界限变得捉摸不定

在室内也可以感觉到室外的阳光、树影

若不加上玻璃顶，会感觉像一个室外的商业街，如装饰飞鸟、植物绿化更使人犹如置身于室外

### 1.4.9 共享空间

共享空间的产生是为了适应各种频繁的社会交往和丰富多彩的生活需要。它往往处于大型公共建筑内的公共活动中心和交通枢纽，含有多种多样的空间要素和设施，使人们无论在物质方面还是在精神方面都有较大的挑选余地，是综合性、多功能的灵活空间。

共享空间的特点是大中有小、小中有大；外中有内、内中有外，相互穿插交错，富有流动性。通透的空间充分满足了"人看人"的心理需求。共享空间倾向把室外空间的特征引入室内，使大厅呈现花木繁茂、流水潺潺的景象，充满着浓郁的自然气息。因此共享空间也具有空间界限的某种"不定性"，是主动与自然亲近的空间类型，加上露明的电梯和自动扶梯在光怪陆离的空间中上下穿梭，使共享空间充满动感，极富生命活力和人性气息。

此空间把共享的特征体现得尤为充分

在这个环境里，和室外环境的感觉别无两样，只不过功能更加完善和齐全

### 1.4.10 交错空间

现代室内设计已不满足于封闭规整的六个界面和简单的层次划分，在水平方向往往采用垂直围护面的交错配置，形成空间在水平方向的穿插交错。有点像城市道路中的立体交通，在大的公共空间中，还可便于组织和疏散人流，并且具有较强烈的层次感和动态效果，也可增加很多情趣。

在交错空间中，往往也形成不同空间之间交融渗透，也在一定程度上带有流动空间、不定空间和共享空间的某些特征。华裔美籍建筑师贝聿铭设计的华盛顿国家艺术馆东馆，其中央大厅的空间处理就颇具匠心，通过巧妙地设置和利用夹层、廊桥而使空间互相穿插、渗透，大大丰富了空间层次的变化。当人们从下仰视时，视线穿过一系列廊桥、楼梯和挑台而直达顶部四面锥体的空间网架天窗。阳光从这里直泻而下，使整个大厅显现出活泼、轻松而又富有人性魅力。

楼梯、廊桥相互交错穿插，具有很强的层次感和动态效果

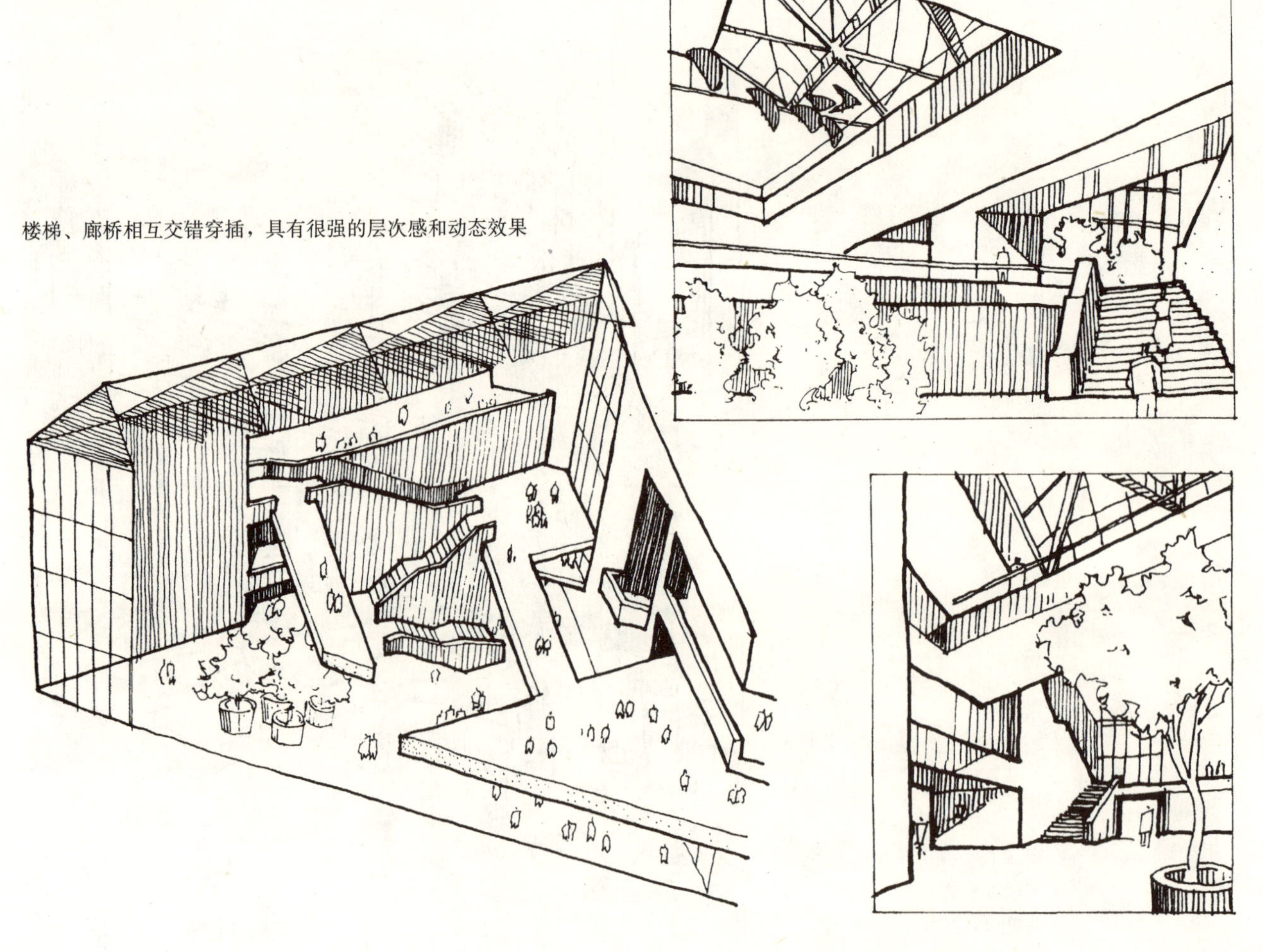

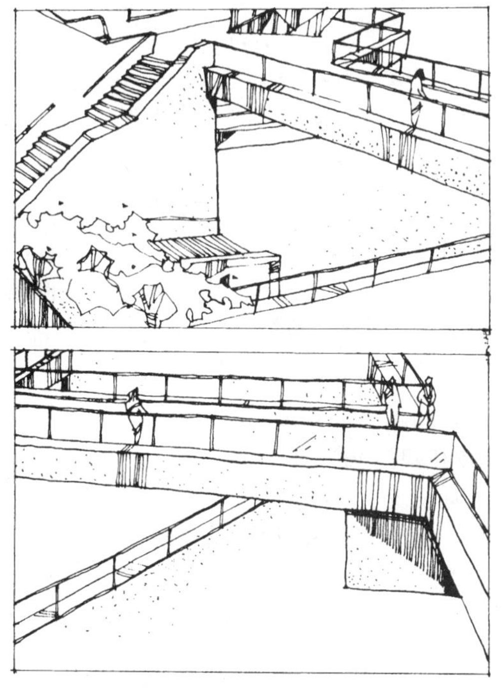

空间界面和家具融合成变幻莫测的曲线，给人神秘、新奇、动荡、迷幻的气氛

### 1.4.11 迷幻空间

此类空间的特色是追求神秘、新奇、光怪陆离、变幻莫测的超现实戏剧化效果。主观上是为了体现人的千姿百态的复杂心理和人的自我意识，有时甚至不惜牺牲功能的实用性，而利用扭曲、断裂、倒置错位等手段，家具和陈设也奇形怪状，以追求形式为主，有时把不同民族、不同时代的一些造型因素通过夸张变形处理融入其间，造成一种时空错位、荒诞诙谐之感。

迷幻空间在照明处理上，力求五光十色，跳跃变幻；在色彩上则突出浓妆艳抹，线型讲究动势，图案注重抽象。装饰陈设品不是追求粗野狂放，就是表现现代工艺所造成的奇光异彩和特殊肌理。为了在有限的空间内创造无限的、怪诞的空间效果，经常利用不同方位的镜面玻璃的反射，使空间显得更加迷幻，令人哑然、刺激。

综上所述，室内空间的类型多种多样，有些是相对独立的，有些则相互兼容。但不管怎样，人是空间的主角，因此首先应考虑人的使用功能的要求，根据室内空间的不同特点，来体现室内空间的不同类型，从而达到室内空间的高度和谐与统一。虽然有难度(因为我们目前“感觉都一样”的空间太多了)，但这也正是我们要突破的方向。我们总不能老躺在波特曼等大师们的怀里嗷嗷待哺吧。

# 第2章　室内空间造型

## 2.1　室内空间造型是室内设计的基础

我们都知道，空间是建筑的主体，人是空间的主角。在室内空间中，为了满足人的基本空间要求，不只要为人们提供不同类型的、固定的、半固定的和可变动的室内空间环境，而且环境中还要有足够的标识，有形、色、材、光、声、味的变化。人们需要一个健康、舒适、愉悦和富于文化品位的室内环境，室内空间的象征和表现作用折射出了人们的精神文明和高度的文化发展，而室内空间造型是室内设计要表现的一个重要方面，是室内设计的基础。美的空间造型、合理的使用功能和人的感知作用是统一于室内设计的概念之中的。

我们时代的主调是以相互关联的方法看待一切，传统的真、善、美三位一体的概念及形式美的法则仍是我们设计中所追求的目标。一些将“形式追随功能”仅仅理解为物质技术的功能的看法正在得到调整和演绎。古代建筑的传统空间组织方法，它的闭合、对称、比例、韵律和节奏；它的亲切宜人的材料和尺度以及色彩的使用；它的整体的秩序对目前来说并没有完全失去意义，而有许多正是如今新的起点的基础。它的许多空间造型特征还反映了不同民族和地区的人们的喜好和文化背景，使室内设计成为将不同的因素在不同场合以不同方式综合在一起的艺术。尽管要取得室内空间多方面因素的统一，需要掌握丰富的手段，而体现室内设计这一综合因素的艺术效果的最佳手段就是要抓住室内空间造型。其他如形、色、材、光、声等因素均笼罩在空间造型的大伞之下。试想，如果空间造型不理想，室内空间的形状、尺度，空间的分隔和联系以及空间的组合肯定会不尽如人意。在这种情况下，再漂亮的色彩，再豪华的材质，再名贵的灯饰及花木等都会显得不伦不类，失去了它们应有的存在和意义，其自身价值也就无法体现出来，室内设计又有何意义呢？又怎么能使人在室内空间环境里感受到美感呢？

我们对室内空间造型的认识往往是从基本结构特征上开始的，例如进入一个空间时要看它是什么形状，是方的还是圆的等等。尽管有些空间造型是不规则形的，人们还是希望从中看出它是由哪些基本的简单形组成的。空间的大小、高矮以及空间的组织等都影响着人对室内空间的整体感知，或愉悦、或开朗、或激动、或压抑、或恐惧、或冷漠。因此，室内空间造型这种物质的、实在的空间直接影响到人感受的心理空间。时装模特在T形台上表演会让你叹为观止，那是高挑的身段和绚丽的时装融合在一起的结果，你让她脱掉时装穿在咱们普通人身上试试，怎么样？效果肯定不会太好，为什么？咱没那个身段。所以为了把人的气质、个性、爱好等充分展现出来，才有了“量体裁衣”一说。实际上，人们的高矮、胖瘦、肤色、气质等反映到室内设计中，就是室内空间造型。在基础方面把握好了，其他因素都属于锦上添花的事了。由此说室内设计的基础在于室内空间造型，看来确是如此，并非夸张。

## 2.2　室内空间造型的主要内容

### 2.2.1　空间的形状

室内空间是按其形状被人们感知的。形状告知了其用途，巨大的室内空间能构成一个集中的以它为中心的目标，但空间还是有被切割重组的特性，这也是现代建筑室内空间的一个重要形态特征。经过切割重组可变成多种形状，被切割的部分与切出的部分彼此保持着一定的分隔和联系。如果再将它们重新组合在一起，将自然形成空间形状的多样协调和审美趣味。

室内空间是由点、线、面、体占据、扩展或围合而成的三度虚体，具有形状、色彩、材质等视觉要素，以及位置、方向、重心等关系要素，而空间的形状将直接影响到室内空间的造型。室内空间的造型又直接受到限定空间方式的影响，室内空间的高低、大小、曲直、开合等都影响着人们对空间的感受。因此室内空间的形状可以说是由其周围物体的边界所限定的，包括平面形状和剖面形状。由于空间与空间的连续性或周围边界不完全闭合，空间的形状往往不像雕塑等实体那样明确，而经常表现得更为复杂、通透，尤其是一些较开敞的不规则空间，其渗透和流动更为突出。

在此，我们可把空间分为两大类：单一空间和复合空间。单一空间又分为几何形和非几何形的（不规则的、自由形式的）；复合空间按其组合关系可分为几何关系和非几何关系。

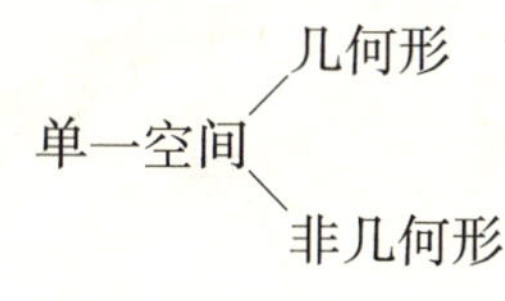


复合空间
- 几何空间几何关系
- 几何空间非几何关系
- 非几何空间几何关系
- 非几何空间非几何关系

单一空间是构成室内空间形状的最基本单位，由它略加变化，如加减、错位、变形等可得到相对复杂的空间形状；而由若干单一空间加以组合、重复、分割就得到多变的复合空间。

不同形状的空间，往往使人产生不同的感受。因此，在设计空间形状时必须把

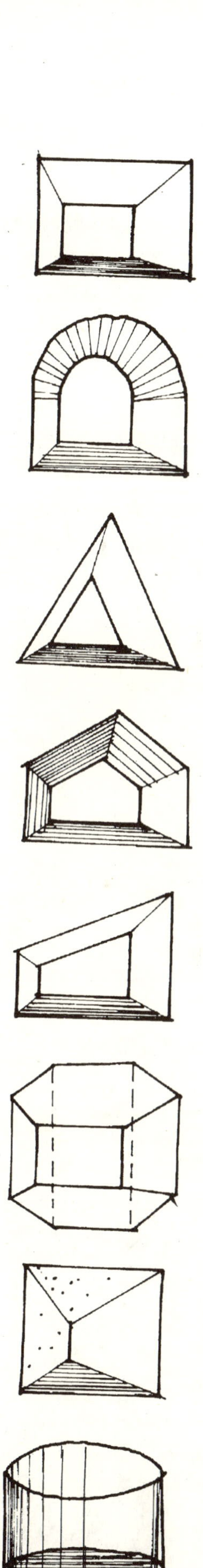
不同形状的空间

功能使用要求与精神感受方面的要求统一起来加以考虑，使之既适用，又能按照一定的艺术意图给人以某种精神上的感受。最常见的室内空间一般呈矩形平面的长方形。空间的长、宽、高不同，形状也可以有多种多样的变化。不同形状的空间不仅会使人产生不同的感受，甚至还要影响到人的心理情绪。一个窄而高的空间，由于竖向的方向性比较强烈，会使人产生向上的感受，如同竖向的线条一样，可以激发人们产生兴奋、自豪、崇高的情绪。高耸的教堂所特有的又窄又高的室内空间，正是利用空间的几何形状特征，而给人以满怀祈求和超越一切的精神力量，使人摆脱尘世的羁绊，尽力向上去追求另外一种境界——由上帝主宰一切的彼岸世界。一个细而长的空间，由于纵向的方向性比较强烈，可以使人产生深远的感觉。借这种空间形状可以引导人们怀着一种期待和寻求的情绪。空间愈细长，期待和寻求的情绪就愈强烈。而一个低而大的空间会使人产生侧向广延的感觉，利用这种空间可以形成一种开阔、博大的气氛，但如果处理不好也能给人造成压抑感或过分沉闷。

除长方形的室内空间外，有时为了适应某些特殊的功能要求，还会有一些其他形状的室内空间，这些空间也会因其形状的不同而给人以不同的室内设计感受。如中央地面升起，四周下沉，一般可以给人以向心、收敛之感；反之，四周高、中央下沉的空间则具有离心、发散之感。弯曲、弧形或环状的空间，则能产生一种导向作用。实际上，空间的形状可以简单又可以复杂，千变万化，并非说哪一种空间形状是所谓最“好看的”和“难看的”，关键在于既要保证其特定的功能要求的合理性，又要注入一定的艺术想象力，只有这样，才能称其为有特色的室内空间形状。

### 2.2.2 空间的尺度

上面我们提到空间的形状，实际上它与空间的比例、尺度都是密切相关的，直接影响到人对空间的感受。

室内空间是为人所用的，是为适应人的行为和精神需求而建造的。因此，在可能条件下（综合考虑材料、结构、技术、经济、社会、文化等问题后），我们在设计时应选择一个最合理的比例和尺度。这里所谓的“合理”是指适合人们生理与心理两方面的需要。当我们观测一个物体或者说室内空间的大小时，往往运用它周围已知大小的要素，作为衡量的标尺。这些已知大小的要素称为尺度给予要素。其

圆形空间与锥形的结合，向心感颇为强烈

环状空间通过坡道，具有导向作用

一，它们的尺寸和特征是人们凭经验获得并十分熟悉的；其二，人体本身也可以度量空间的大小、高矮。因此，我们可以把尺度分成两种类型：

1. 整体尺度——室内空间各要素之间的比例尺寸关系；

2. 人体尺度——人体尺寸与空间的比例关系。

注意，这里要说明的是“比例”与“尺度”概念不完全一样。“比例”是指空间的各要素之间的数学关系，是整体和局部间存在的关系。而“尺度”是指人与室内空间的比例关系所产生的心理感受。因此有些室内空间同时要采用两种尺度，一个是以整个空间形式为尺度的；另一个则是以人体作为尺度的，两种尺度各有侧重面，又有一定的联系。例如，我们前面提到的母子空间，就是同时兼顾了两种不同的尺度关系。

所有的空间要素，无论是厂家预先制造的，还是设计者经过选择的，都有一定的尺寸。尽管如此，每个要素的大小仍然要通过与周围要素相比较才能被感知。比如室内立面上的窗户，它们的尺寸和比例，它们的间隔和整个立面尺寸，都有着密切的视觉关系。如果窗户都采用相同的尺寸和形状，它们与立面的尺寸就产生一种尺度关系。但是如果某一个窗户比别的窗户都大，那么它就给立面的构图内产生另一种尺度，这种尺度的跳跃会使人意识到这个窗后面的空间的尺寸，或者告诉人们这个空间具有特别的意义；或者它还改变人们对整个立面尺寸和其他窗户尺寸的理解。有许多室内要素的尺寸都是人们所熟悉的，因而能帮助我们判断周围要素的大小，像住宅室内的窗户、门、家具等，能使人们想像出房子有多大，有多高；楼梯和栏杆可以帮助人们去度量一个空间的尺度。正因为这些要素为人们所熟悉，因此它们可以有意识地用来改变一个室内空间的尺寸感。

前面提到，人体尺度是建立在人体尺寸和比例的基础上的。由于人体的尺寸因人的种族、性别及年龄的差异，因此不能当作一种绝对的度量标准；我们却可以伸手在墙上量出一个房间的宽度的大概尺寸。同样，如果伸手能触及头上的顶棚，

圆形的大尺度中包容着栏杆、书架等人体尺度

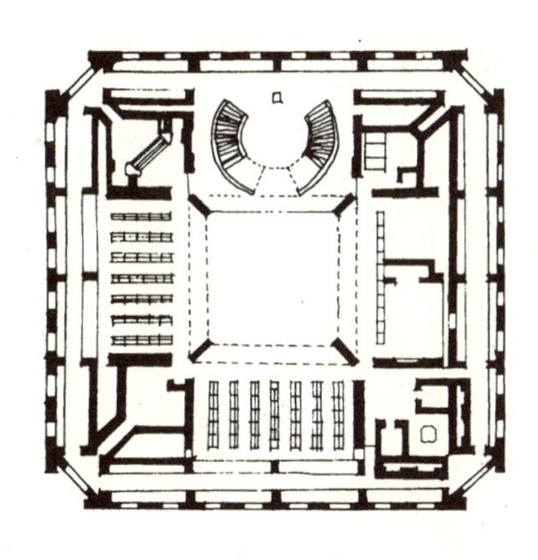

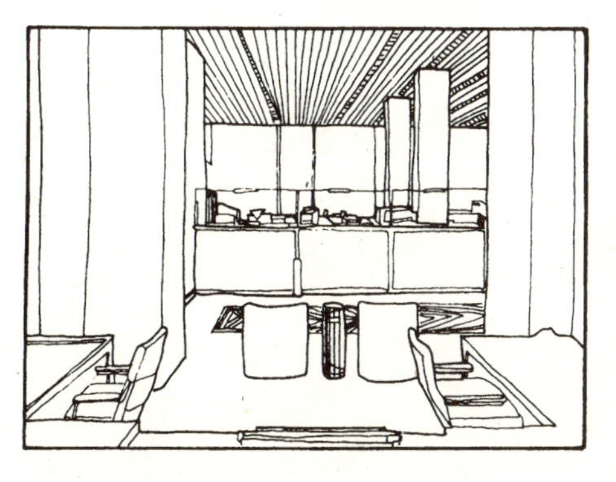
亲切宜人的空间尺度

我们也能得到它的高度。一旦我们鞭长莫及而做不到这些时，就得依赖别的直观线索，而不是凭触觉来得到一个空间的尺度概念了。我们可以用那些意义上和尺寸上与人体有关的要素作为这种线索，如桌子、椅子、沙发等家具，或者楼梯、门、窗等。这些要素，不仅能帮助我们判断一个空间的尺寸，也会使空间具有人体尺度和亲近感。例如踏步的高度，高点矮点都会难于适应，所以人们所习惯的高度尺寸就成为衡量的标尺。到后来，尺度可以比较自然、简易而本能地判断出，人们在对室内空间最初的一瞥中就把尺度看得明明白白。所以，这种能力几乎成为一种直觉。当空间的尺度比人体尺度大很多倍时，就会给人带来超常的心理感受。例如著名的"水晶教堂"的内部空间，由于纪念性、宗教性的巨大尺度而形成了雄伟壮观的感觉。古罗马的许多建筑是帝国权威和力量的象征，尺度是"神话般的"。布鲁诺·赛维这样写道：这种尺度"后来成为现实了，再后来又成为一种过去有过的，只靠想象才能感受到的尺度。但从来不是，也从未想过要成为人的尺度"。

由此我们可以断定，室内空间的尺度应与室内的功能使用要求相一致，尽管这种功能是多方位的。例如住宅中的居室，过大的空间将难以造成亲切、宁静的气氛。为此，居室的空间只要能够保证功能的合理性，即可获得恰当的尺度感，但这样的空间尺度却不能适应公共活动的要求。对于公共活动来讲，过小或过低的空间将会使人感到局限和压抑，这样的尺度感也会影响空间的公共性。而出于功能要求，公共空间一般都具有较大的面积和高度，如酒店共享空间、银行营业大厅、博物馆等，从功能上讲满足人们的使用功能，从精神上看要具有宏伟、力量、博大的气氛，都要求有大尺度的空间。这也是功能与精神所要求的。那些历史上的教堂建筑，其异乎寻常高大的室内空间尺度，主要不是由于功能使用要求，而是精神方面的要求所决定的。

空间尺度虽大，但细部却处处体现着正常的比例关系

大的空间尺度是由其功能本身决定的

家具在空间中显得无足轻重

完全的建筑尺度的体现

上部的整体尺度与下部人体尺度的结合

在处理室内空间的尺度时，按照功能性质合理地确定空间的高度具有特别重要的意义。在空间的三个量度中，高度比长宽对尺度具有更大的影响，房间的垂直围护面起着分隔作用，而顶上的顶棚高度却决定了房间的亲切性和遮护性。室内空间的高度，可以从两方面看：一是绝对高度，即实际层高。正确选择合适的尺寸无疑很重要，如果高度定位不当，过低会使人压抑，过高则又会使人不亲切；另一个是相对高度，即不单纯着眼于绝对尺寸，而且要联系到空间的平面面积来考虑。人们常从经验中体会到，在绝对高度不变时，面积越大，空间显得就越低矮，如果高度与面积保持着一定的比例，则可以显示出一种相互吸引的关系，利用这种关系将可以造成一种亲切的感觉。

在复杂的复合空间中，各部分空间的尺度感往往随着高度的改变而变化，有时因高耸、宏伟使人兴奋、激动；有时因低矮，而使人压抑、沉闷。但如果合理地利用这些变化而使之与各部分空间的功能特点相一致，则可以获得意想不到的空间效果。

有一种情况应该注意，我们常把人或人熟悉的物体的尺度作为标尺，但有时视觉也会使人对空间产生错误。尺度感不光在空间大小上能体现出来，在许多细部也能体现，如室内结构构件的大小，空间的色彩、图案，门窗开洞的形状、位置，以及房间里的家具、陈设的大小，光的强弱，甚至材料表面的肌理粗细等都能影响空间的尺度。

前面提到，不同比例和尺度的空间给人的感觉不同，因为空间比例关系不但要合乎逻辑要求，同时还具有满足理性和视觉要求的特性。在内部空间中，当相对的墙之间很接近时，压迫感很大，形成一种空间的紧张度，而当这种压迫感是单向时则形成空间的导向性。例如一个窄窄的走廊，如果尺度很大，这种感觉就会减弱。在一个方盒子的室内，如果墙面划分的式样、方向、尺度等不同时，人对空间比例的视觉感受也会有所改变。我们有时会体会到，色彩与光的运用也会对设计效果不理想的空间比例的视觉效果有一定的纠正作用。合理有效地把握好空间的尺度，以及比例关系对室内空间的造型处理将起着十分重要的作用。

### 2.2.3 空间的分隔和联系

室内设计一般要进行空间组合，这是空间设计的重要基础。而空间各组成部分之间的关系，主要是通过分隔的方式来完成的。当然，空间的分隔与联系也是相对的，相辅相成。从空间的整体要求看，只谈分隔不谈联系，或只谈联系不谈分隔都不可能体现现代空间设计的环境整体意识，也不可能满足人们在室内空间的各种生活活动和精神方面的要求。要采取什么

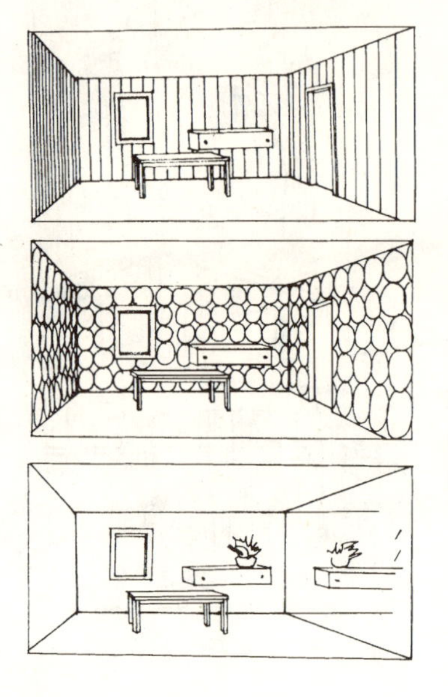

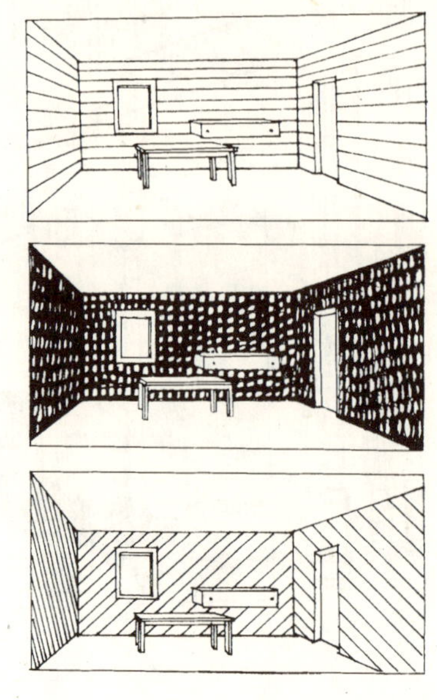

墙面的不同处理，会产生不同的视觉感受，也能影响到空间的尺度感

中国传统建筑常见的空间分隔形式

通过栏板、柱子、顶棚共同限定空间

分隔方式，既要根据空间的特点和功能使用要求，又要考虑到空间的艺术特点和人的心理要求。

讲到室内空间的分隔和联系，自然涉及到空间的“围”、“透”关系。只围而不透的室内空间诚然会使人感到私密、闭塞，但只透而不围的空间尽管开敞，可处在这样的空间中使人犹如置身室外，同样也失去了室内空间的意义了。因而对于室内空间来讲，总是把围与透这两种互相对立的因素统一起来考虑，使之既围又透；该围的就围，不该围的也就是该透的，则毫不含糊地透。说句玩笑话，就像人穿衣服，同样要考虑多种因素，气候、社会、性格、时尚等。夏天穿单衣，冬天穿棉衣这是自然气候决定的；但夏天再热得受不了，也不至于三点毕露地走上大街。该围的还是要围。在不会有碍观瞻的前提下，根据人的性别、年龄、职业、个性等因素，可以存在不同程度的“露”。因此，处理围透关系除要考虑空间的功能使用之外，还要从周围室内整体的大环境统一考虑。

由此可见，室内空间要采取什么分隔方式，既要根据空间的特点和功能使用要求，又要考虑到空间的艺术特点和人的心理需求。上面提到室内空间的围透关系，实际上就是空间的分隔和联系的对立统一关系。前面也提到，空间各组成部分之间的关系，主要是通过分隔的方式来体现的，空间的分隔换种说法就是对空间的限定和再限定。至于空间的联系，就要看空间限定的程度(隔离视线、声音、湿度等)如何，即“限定度”。同样的目的，可以有不同的限定手法；同样的手法也可以有不同的限定程度。这样，我们为了造成某种空间效果，可以用很复杂的手法，也可以用较简练的示意性手法。

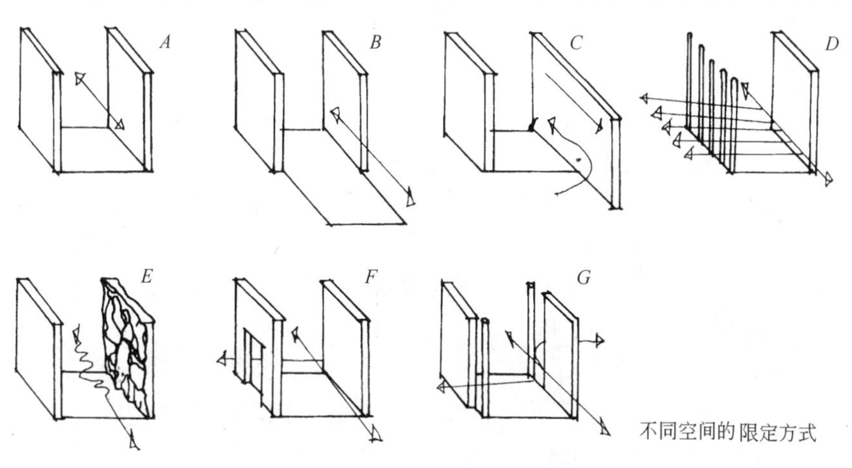


不同空间的限定方式

通过办公家具分隔空间

通过柜台和顶棚限定空间

通过光照家具划分空间

通过家具、陈设及点光源渲染空间

通过光照、顶棚引导空间

通过构件、顶棚限定空间

尽管限定的要素十分有限，基本限定的手法也是屈指可数的有限的几类，但它们以不同的具体材料，不同的具体色彩并按不同方式组合后形成的空间却是丰富多样的。同样是为了分隔空间，比如在一个餐厅中，用屏风、矮墙、花台、栏杆等不同的手法，心理效果会有很大的不同。用什么材料，什么造型，看上去是否稳定，位置是高是低，是否遮挡视线，是否可以倚靠等，这一系列因素都在不同程度上影响了它所限定的空间。因此，室内空间的限定实际上可以理解为是在原有的母空间中的再限定，其基本的几种限定方式与一次限定大致相同，但对人的心理影响效果还是有些差异，通过前述可以归纳出几种限定方式：

1. 围合与分隔

围合前面已经提到是一种基本的空间分隔方式和限定方式。一说到“围”、总有一个内外之分，而它至少要有多于一个方向的面才能成立；而分隔是将空间再划分成几部分。有时围合与分隔的要素是相同的，围合要素本身可能就是分隔要素，或分隔要素组合在一起形成围合的感觉。在这个时候，围合与分隔的界限就不那么明确了。如果一定要区分，那么对于被围起来的内部，即这个新的“子空间”来说算是围合，对于原来的“母空间”来说就是“分隔”了。在室内空间，利用这些材料要素再围合或再分隔，可以形成一些小区域并使空间有层次感，既能满足使用要求，又给人以精神上的享受。例如中国传统建筑中的“花罩”、“屏风”等就是典型的分隔形式，它可以将一个空间分为书房、客厅以及卧室等几部分，划分了区域也装饰了室内空间。近来比较流行的大空间办公室中常用家具或隔断构件将大空间划分若干小组团，在每个小组团里有种围合感，创造了相对安静的工作区域；外侧则是交通区域和休息区域，使每个组团之间既有联系又具有相对的区域性，很适合现代办公的空间要求和管理方式。

2. 覆盖

在自然空间中进行限定，只要有了覆盖就有了室内的感觉。四周围得再严密，如果没有顶的话，虽有向心感，但也不能算是室内空间；而一个茅草亭子，哪怕它再简陋破旧，也会给人“室内”的感觉，其主要原因就在于有了覆盖的要素。

在自然空间里有了覆盖就可以挡住阳光和雨雪，就使内外部空间有了质的区别，与在露天感觉完全不同。在室内空间里再用覆盖的要素进行限定，可以有许多心理感受。例如在空间较大时，人离屋顶距离远，感觉不那么明确，就在局部再加顶，进行再限定。例如在床的上部设幔帐或将某一部分的顶局部吊下来，使这顶与人距离近些，尺度更加宜人，心理感觉也亲切、惬意。有时为了改变原来屋顶给人的视感，也可以用不同的形式或材料重新设置覆盖物，软化了整个环境的情调。在室内设覆盖物还可使人心理有种室外的感觉，例如在一些大空间特别是旅馆的中庭中，人坐的部分用一个个装饰性垂吊物，或遮阳伞、或灯饰、或织物等，再加上周围的树木、花鸟、水体、天光等因素，仿佛又置于大自然的怀抱中。这正符合在室内创造室外感觉的意图。因为人本来与自然有种天然的难以割舍的密切关系，在室内空间环境中，尽可能地使人有自然感、室外感，是对人性的回归。因此有时有意识地在室内空间设计中运用室外因素可以给人带来心理愉悦。

顶部织物的覆盖，使空间限定性更为强烈

3. 设置

在室内空间中，设置可以说是最多的再限定方式，也可以说任何实体要素都可算是设置物。这里所指的设置一般是指它与空间有“设置”的关系的，也就是相对独立存在的，这样的设置往往会成为视觉中心，它对空间的区域有着一定的影响力，起着烘托空间气氛和强化空间特色的作用。

4. 抬起与下凹

这种限定是用来变化地面高差来达到限定的目的，使限定过的空间在母空间中得到强调或与其他部分空间加以区分。对于在地面上运用下凹的手法限定来说，效果与低的围合相似，但更具安全感，受周围的干扰也较小。因为低本身就不太引人注目，不会有“众目睽睽”之感，特别是在公共空间中人在下凹的空间中心理上会比较自如和放松，所以有些家庭起居室中也常把一部分地面降低，沿周边布置沙发，使家的亲切感更强，更像一个远离尘世的“窝”。“抬起”与“下凹”相反，可使这一区域更加引人注目，像教堂中的讲坛和歌厅中的小舞台就是为了使位置更加突出，以引起人们的视觉注意。

在室内空间中，同室外空间不同的，就是这些手法不仅可在地面上做文章，也可以在墙面或顶面上出现。只不过可能叫法不同而称为“凹入”、“凸出”或“下吊”等。如壁龛、壁炉可视为“凹入”，墙上凸出的装饰物等又可视作“凸出”等。不过这些都有一定尺度上的限制，“下吊”部分过大，人们可认为是“覆盖”，墙面上“凹入”或“凸出”部分过多，人们又可看作是另一个空间，而如果尺度过小，又可能被看成是肌理变化。当然，这仅是相对而言。

5. 肌理变化

对室内空间的限定来说，肌理变化可说是较为简便的方法。以某种材料为主，局部换一种材料，或者在原材料表面进行特殊处理，使其表面质感发生变化(如抛光、烧毛等)都属于肌理变化。有时不同材料肌理的效果可以加强导向性和功能的明确性，不同材料肌理的运用也可以影响空间的效果，而且用肌理变化还可组成图案作为装饰等等。

在室内的空间再限定往往是多次的，也就是同时用几种限定方法对同一空间进行限定，例如在围合的一个空间中又加上地面的肌理变化(如石材、地毯等)，同时顶部又进行了覆盖或下吊等，这样可以使这一部分的区域感明显加强。

通过上述对空间限定、再限定和限定度等概念的剖析，我们大致可以总结出室内空间的分隔方式包括四个大的类型。

(1) 绝对分隔

用承重墙、到顶的轻体隔墙等限定度高的实体界面分隔空间，可称为绝对分隔。这样分隔出的空间有非常明确的界限，是完全封闭的。

隔声良好，视线完全受阻是这种分隔方式的重要特征，因而与周围环境的流动性很差，但却具有安静、私密和较强的抗干扰能力。

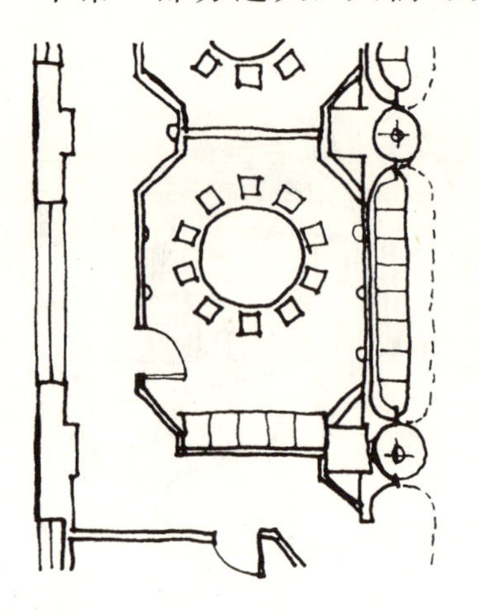

空间分隔界限十分明确，与外界绝对隔离开来

局部分隔方式

局部分隔方式

（2）局部分隔

用屏风、不到顶的隔墙和较高的家具等划分空间，称为局部分隔。限定度的强弱因界面的大小、材质、形态而异。局部分隔的特点介于绝对分隔与象征性分隔之间，不大容易明确界定。

（3）象征性分隔

用片断、低矮的面、罩、栏杆、花格、构架、玻璃等通透性的隔断；家具、绿化、水体、色彩、材质、光线、高差、悬挂物、音响、气味等因素分隔空间属于象征性分隔。

这种分隔方式的限定度很低，空间界面模糊，但能通过人们的联想而感知，侧重心理效应，具有象征意味。在空间划分上是隔而不断，流动性也很强，整体空间的层次也较丰富。

用地面材质变化，构架和台座划分空间，既有领域感，又与周围保持流通

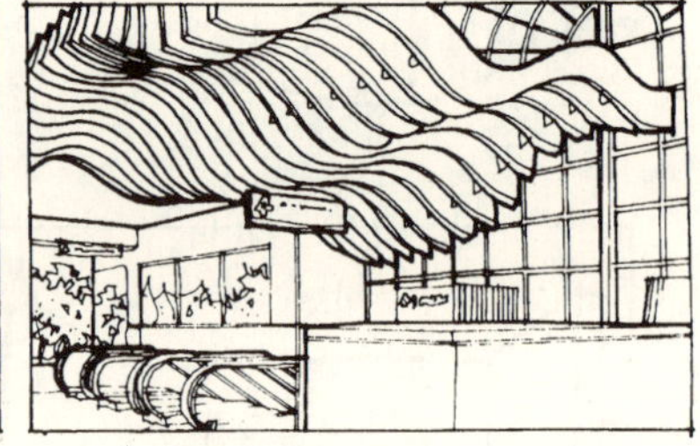

象征性分隔的具体应用

（4）弹性分隔

利用拼装式、折叠式、升降式等活动隔断和幕帘、家具、陈设等分隔空间。可根据使用要求而随时启闭或移动，空间也就随之或分或合、或大或小，这样分隔可使空间具有较大的弹性和灵活性。由此也可以归纳出一些具体分隔方法：

- 用结构构件分隔（梁、柱、金属框架、楼梯等）
- 用各种隔断分隔
- 用色彩、材质分隔
- 用水平面高差分隔
- 用垂直围护面凹凸分隔
- 用家具分隔
- 用装饰构架分离
- 用水体、绿化分隔
- 用照明分隔
- 用陈设及装饰造型分隔
- 用综合手法分隔

空间的分隔和联系，是室内空间设计的重要内容。分隔的方式，决定了空间之间联系的程度，分隔的方法则在满足不同的分隔要求的基础上，创造出美感、情趣和意境。

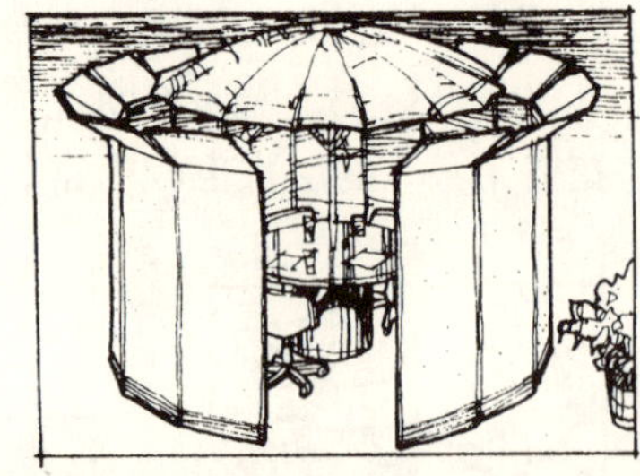

弹性分隔的具体应用

用结构构件分隔

用隔断分隔

用色彩、材质分隔

用水平面高差分隔

用家具分隔

用装饰构架分隔

用水体、绿化分隔

用绿化分隔
用照明分隔
用陈设及装饰造型分隔

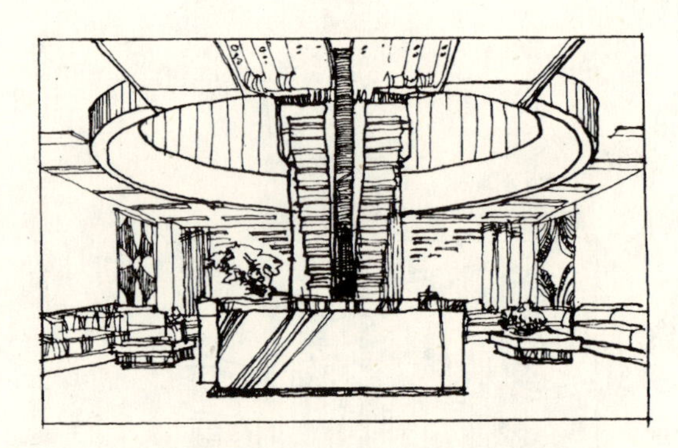

用综合手法分隔

1. 空间内的空间(母子空间)

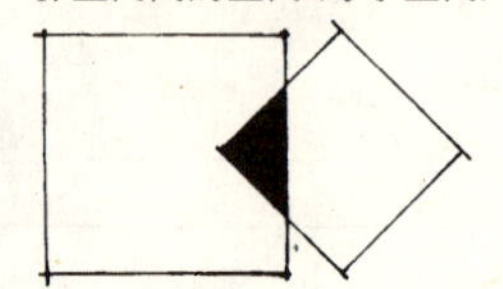

2. 穿插式空间

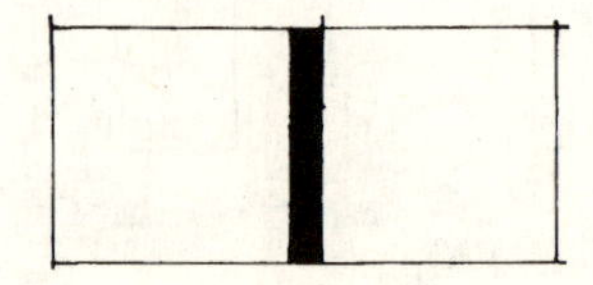

3. 邻接式空间

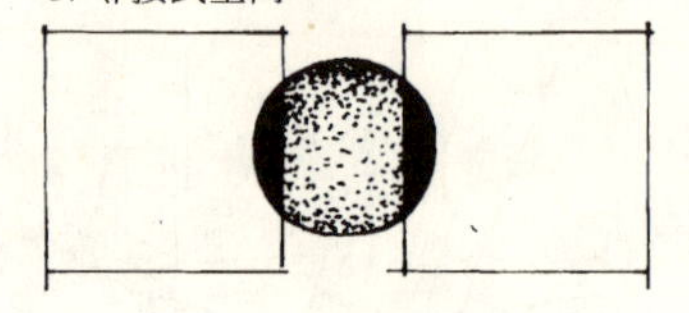

4. 由公共空间连起的空间

### 2.2.4 空间的组合

空间组合主要是复合空间的组合。从精神要求看，室内空间艺术的感染力并不限于人们静止地处在某一个固定点上，或从单一空间之内来观赏它，而贯穿于人们从连续行进的过程中来感受它。这样，我们还必须越出单一空间的范畴，进一步研究二个、三个或者更多空间组合中所涉及到的诸多问题。

从功能要求的角度来看，人们在利用室内空间的时候，不可能把活动仅仅局限在一个空间之内而不牵涉到别的空间；相反，空间与空间之间从功能上讲都不是彼此孤立的，而是互相联系的。这个问题也是功能与空间形式的关系问题，不过它却超出了单一空间的范围而表现为多空间即复合空间的组合，因此空间的组合也是由室内空间的功能联系的特点来决定的。

讲空间的组合，必然要涉及下列所列的空间关系：

- 空间内的空间；
- 穿插式空间；
- 邻接式空间；
- 由公共空间连起的空间。

1. 一个大空间可以在其中包含一个或若干小空间，也就是前述提到的母子空间。大空间与小空间之间很容易产生视觉及空间的连续性，并保证空间整体性。在这种空间关系中，大空间是作为小空间的三度场所而存在的。为了感知这种概念，两者之间的尺度必须有明显的差别，如果小空间尺度增大，那么大空间就开始失掉其作为母空间的能力。

空间内的空间

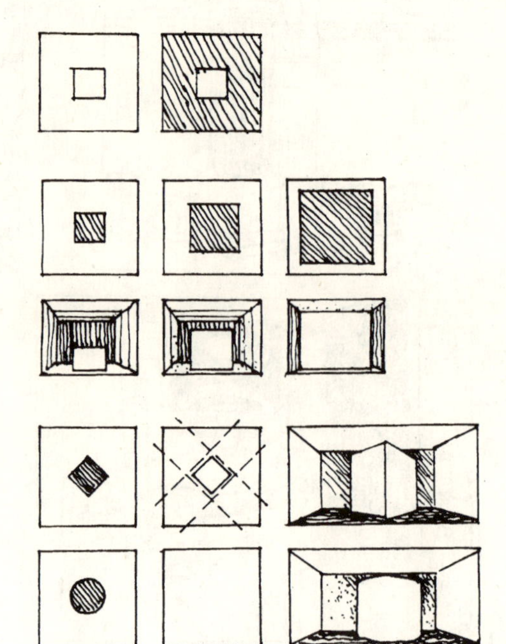

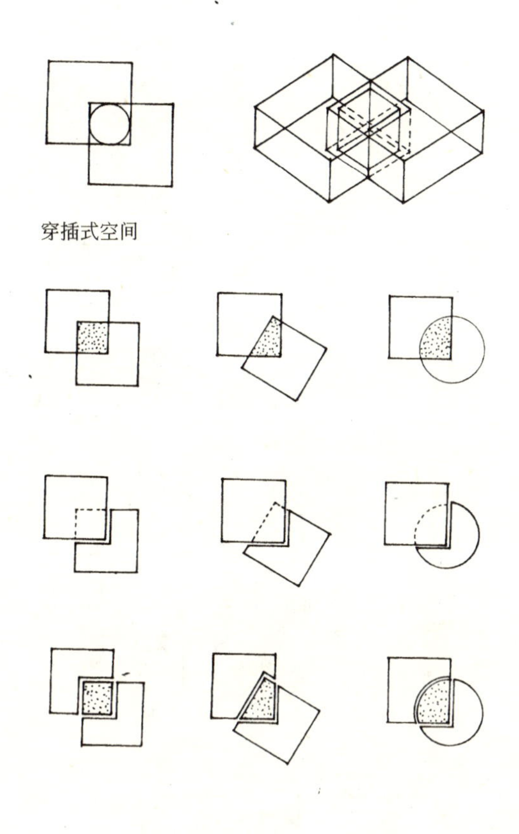


要使小空间具有较大的吸引力，小空间可采用与大空间形式相同，而朝向各异的方式。这种方法会在大空间里产生一系列富有动势的剩余空间。小空间也可以采用与大空间不同的形状，以增强其独立的形象，这种形体上的对比，会产生一种两者之间功能不同的暗示，或者象征着小空间具有特别的意义。

2. 穿插式空间由两个空间构成，各空间的范围相互重叠而形成一个公共空间地带。当两个空间以这种方式贯穿时，仍保持各自作为空间所具有的界限及完整性，但是对于两个穿插空间的最后造型，可以产生以下三种情况：

- 两个空间的穿插部分，可为各个空间同等共有；
- 穿插部分与一空间合并，成为它的整体空间的一部分；
- 穿插部分自成一体，成为原来两个空间的连接空间。

圆形的小空间与大空间产生形状上的对比

3. 邻接是空间关系中最常见的形式，它允许各个空间根据各自的功能或者象征意义的需要，清楚地加以划定。相邻空间之间的视觉及空间的连续程度，取决于它们既分隔又联系在一起的那些面的特点。因为这些分隔面可以：

• 限制两个邻接空间的视觉和实体的连续；增强空间的各自相对独立性，并产生二者相异的空间效果；

• 作为一个独立的面设置在单一空间里，根据这种情况，可以把一个大空间分隔成若干部分，这些部分虽有所区分，但又互相贯通，彼此没有明确肯定的界限，也不存在各自的独立性。

• 以列柱分隔，可使两空间具有很大程度的视觉和空间的连续性；

• 仅仅通过两个空间之间的高差或界面处理的变化来暗示。

4. 相隔一定距离的两个空间，可由第三个过渡性空间来连接或联系。就可能像音乐中的休止符或文章中的顿号、逗号一样，以加强空间的节奏感。在这种空间关系中，过渡空间的特征有着决定性的意义。

• 过渡空间的形状、大小和朝向，可与它所联系的两个空间不同，以表示它的联系作用。

• 过渡空间以及它所联系的两个空间的形状和大小可以完全一样，从而形成一种线性空间序列。

• 过渡空间本身可采用直线式，以联系两个相隔一定距离的空间，或者联系一系列彼此没有关系的空间。

• 如果过渡空间有足够大，它可以成为这种空间关系中的主导空间，具有将一些空间组合在其周围的能力。常见的酒店大堂、火车站等，有相当一部分空间起着过渡空间的作用。如进行了改扩建的北京天文馆老馆，以广厅连接展厅、影厅、陈列厅等，使大量人流通过它直接分散到各主要使用空间。

• 过渡空间的形状也可以完全根据它所连接或联系的空间的形状和朝向来确定，这样可以起到形式上相互兼容的作用。

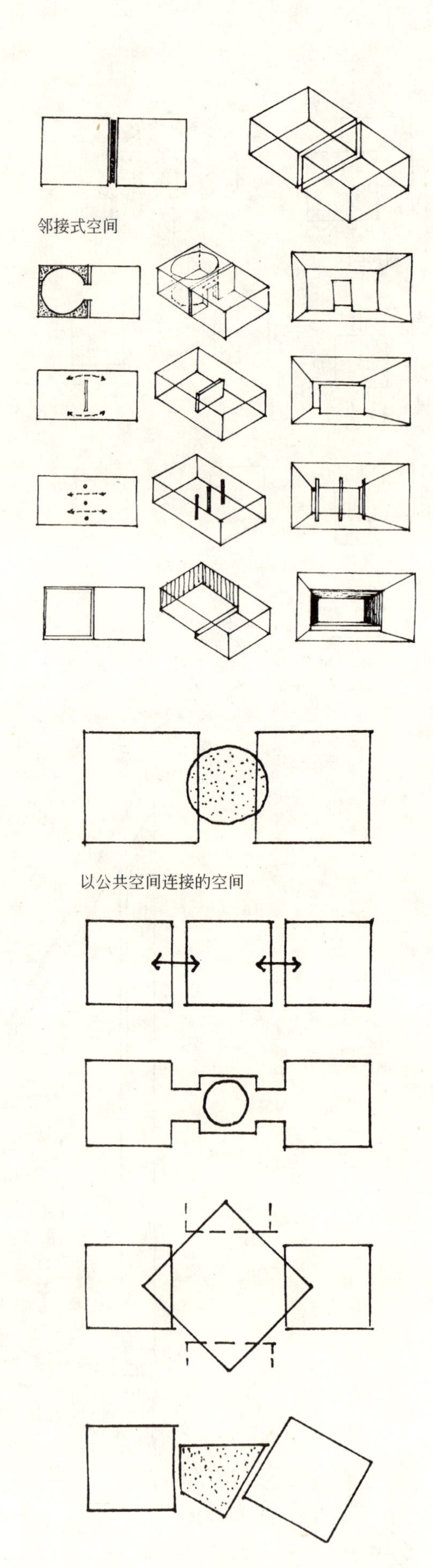

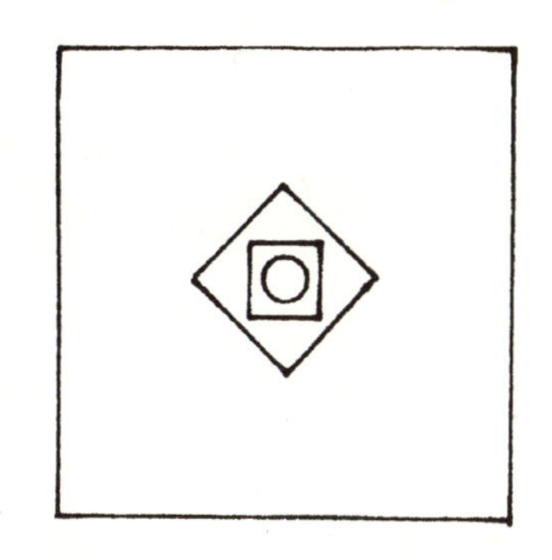

集中式组合

那么，由上述一系列空间关系，可以判断出在空间组合的处理中，空间的组合方式以及功能、象征方面所起的重要作用。一般来说，空间组合可分为五种方式：

1. 集中式组合

它的主要特点是在一个中心主导空间周围组合一系列次要空间。集中式组合，是一种稳定的向心式构图，它由一系列次要空间围绕一个大的占主导地位的中心空间构成。

• 集中式组合的中心空间，一般在形式上是规则的，在尺度上要大到足以将次要空间集结在其周围的能力。

• 组合的次要空间，功能和尺寸可以完全相同，形成规则的，两轴或多轴对称的总体造型。

• 次要空间的形式或尺寸，也可以互相不同，以适应各自的功能、相对重要性或周围环境等方面的要求。次要空间中的差异，使集中式组合可根据整体环境及使用功能的不同条件来考虑它的空间形式。

• 集中式组合内的交通流线可以采取多种形式（如辐射形、环形、螺旋形等），但几乎在每个情况下，流线基本上都在中心空间内终止。

次要空间均围绕在大的中心空间周围

2. 线式组合

线式空间组合实际上就是重复空间的线式序列。这些空间既可以直接地逐个连接，也可由一个单独的不同的线式空间来联系。

线式空间组合通常由尺寸、形式和功能都相同的空间重复出现而构成。也可将一连串形式、尺寸或功能不相同的空间，由一个线式空间沿轴线组合起来。

在线式组合中，在功能方面或象征方面具有重要性的空间，可以出现在序列的任何一处，以尺寸和形式来表明它们的重要性。也可以通过所处的位置加以强调，如置以线式序列的端点、偏移式线式组合或处于折形(或扇形)线式组合的转折处。

线式组合的特征是“长”，因此它表达了一种方向性，具有运动、延伸、增长的意味。

有时如空间延伸或受到限制，线式组合可终止于一个主导的空间或不同形式的空间，也可终止于一个特别设计的出入口。

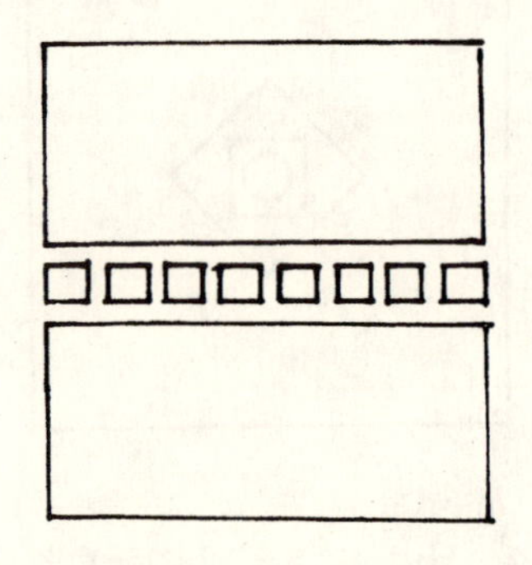

线式组合

线式组合的形式本身虽然具有可变性，容易适应环境的各种条件，可根据地形的变化而调整。既能采用直线式、折线式，也能用弧线式，可水平、可垂直亦可螺旋。但是作为室内空间来说，线式组合却存在很大的局限性。其一是受建筑形式本身的制约；其二是受结构形式的影响。若是大空间、大跨度建筑，其内部空间还可以就线性组合作一定发挥，否则就很难施展了。

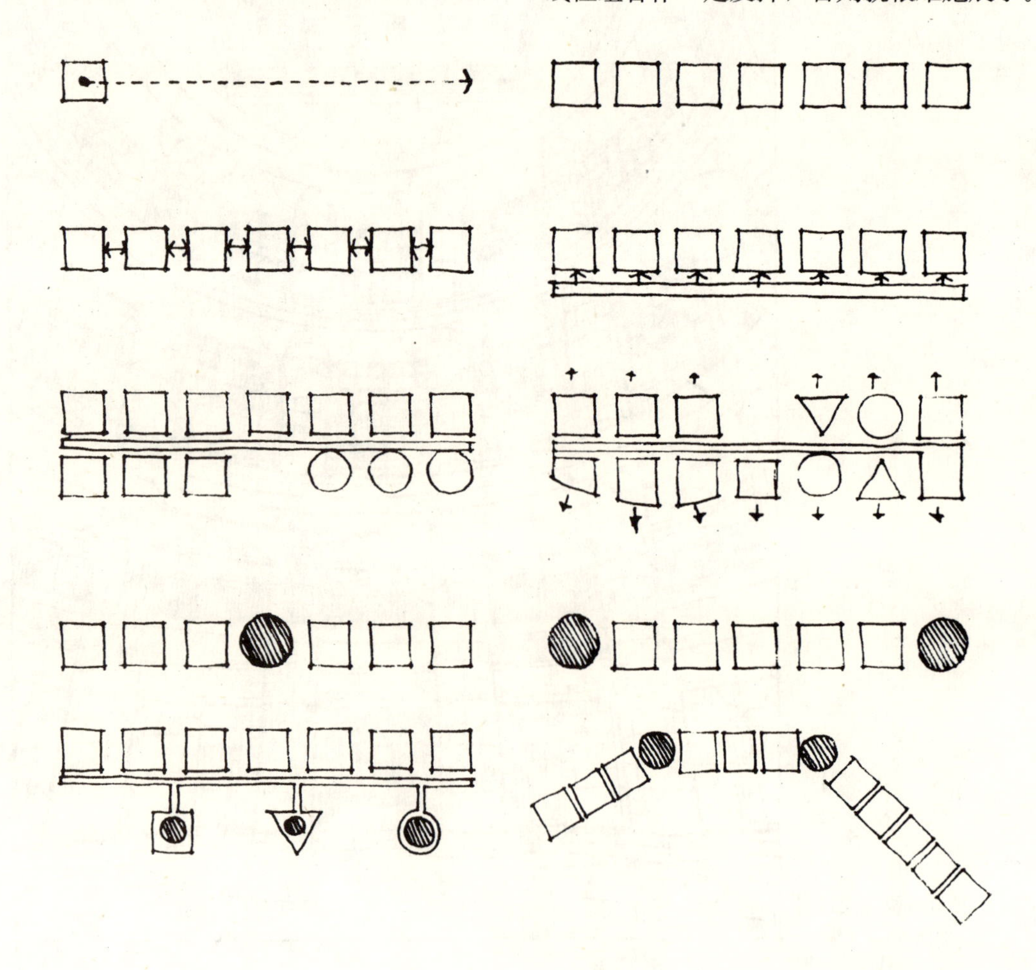

3. 辐射式组合

将线式空间从一中心空间辐射状扩展，即构成辐射式组合。在辐射式空间组合中，集中式和线式组合的要素兼而有之。集中式组合是内向的，趋向于向中心空间聚集；而辐射式组合则是外向的，它通过线式组合向周围扩展。

正像集中式组合一样，辐射式组合的中心空间一般也是规则的形式。以中心空间为核心的线式组合，可在形式、长度方面保持灵活，可以相同，也可以互不相同，以适应功能和整体环境的需要。

辐射式空间组合和线式空间组合一样，同样受到建筑造型及结构形式的制约。

4. 组团式组合

根据位置接近，共同的视觉特性或共同的关系组合的空间，可称之为组团式空间。组团式组合通过紧密连接来使各个空间之间互相联系，一般由重复出现的格式空间组成。这些格式空间具有类似的功能，并在形状方面也有共同的视觉特征。当然，组团式组合也可在它的构图空间中采用尺度、形状和功能各不相同的空间，但这些空间要通过紧密连接和通过诸如轴线等视觉上的一些规则手法来建立联系。因为组团式组合的造型并不来源于某个固定的几何概念，它可以灵活多变，随时增加或变换而不影响其特点。

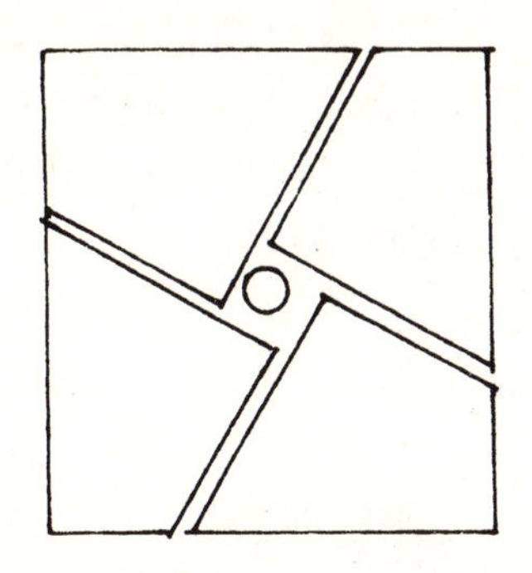

辐射式组合

由于组团式组合造型中没有固定的重要位置，因此必须通过造型之中的尺寸、形状或者功能，才能显示出某个空间所具有的特殊意义。有时在对称或有轴线的情况下，可用于加强和统一组团式空间组合的各个局部，有助于表达某一空间或各个空间的重要意义，当然也有利于加强组团式空间组合形式的整体效果。

5. 网格式组合

网格式组合一般通过这样的形式和空间组成：它们的空间位置和相互关系，通过一个三度的网格形式或范围而使其规则化。

两组平行线相交，它们的交点建立了一个规则的点，这样即产生了一个网格。网格投影成三维，转化为一系列的重复的空间模数单元。

网格的组合来自于其规则性和连续性，它们渗透在所有的组合要素之中。即使网格组合的空间尺度、形状或功能各不相同，仍能合为一体，具有一个共同的关系。

在建筑中，网格大都是通过框架结构体系的梁柱来建立的，它可以进行削减、增加或层叠，而依然保存网格的同一性，具有空间组合的能力。在网格范围中，空间既能以单独实体出现，也能以重复的方格模数单元出现。无论这些形式和空间在

网格式组合

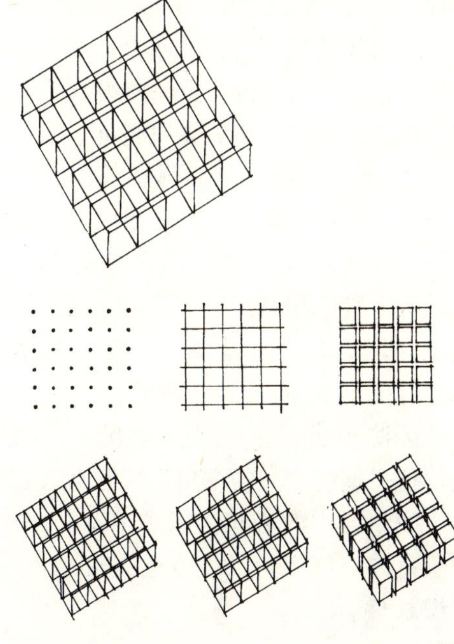

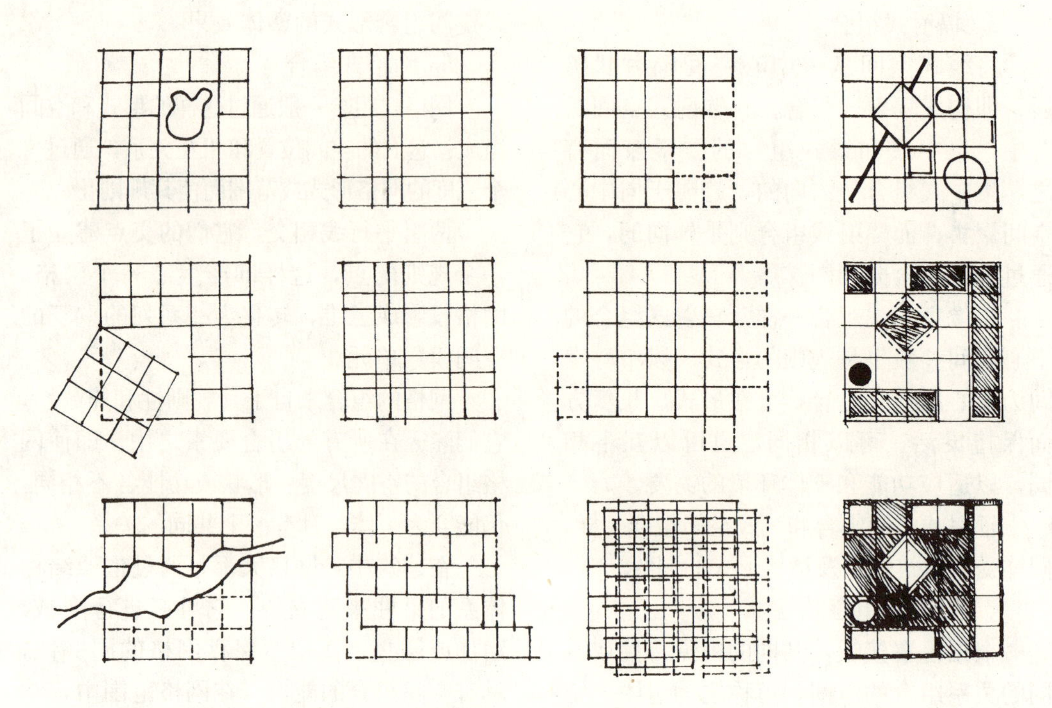

该范围中如何布置，如果把它们看成是“正”的形式，那么随之就会产生一些“负”空间，二者可以相互转化。

网格也可以进行其他形式的改变，某些部分可以偏斜，以改变在该区域中的视觉和空间连续性。网格也可以中断，划分出一个主体空间或者作为室内自然景观。有时为增加空间的趣味性，网格的部分还可以位移，或以基本图形中的某一点旋转，使空间的视觉形象发生变化。由于现代建筑结构形式的使用，可以说，网格式空间组合在室内空间设计中运用得最为普遍。

在具体的空间组合处理中，还会存在多种多样的手法。因为空间的组合关系及组合形式的合理运用只能说满足了某一方面(诸如使用功能、空间形状等)的要求，还只是一种概念化的东西。室内空间设计是一个既理性又感性的综合性的艺术创造。有时我们在设计中常遇到空间的组合感觉还可以，可是效果出不来，怎么回事？有两方面原因：一是只有骨头没有肉，无法丰满起来；二是忽视了人的因素，这一室内空间的主角，缺乏与人相关的空间组合中的心理需求和节奏。因此，对于室内空间组合，应该全方位地审视、组织。

## 2.3　室内空间造型设计的原则

### 2.3.1　空间的性格

在室内空间造型中，空间的形状怎样，空间的尺度大小、空间的分隔、联系以及空间的组合形式都直接影响着室内空间的造型处理。空间的造型设计在很大程度上决定着室内空间的性格。

不同的空间造型具有不同的空间性格特征。方圆等严谨规整的几何形空间，给人以平稳、肃穆、庄重的感觉；不规则的空间会使人以随意、自然、流畅的氛围；封闭式空间是内向的、安静的、隔世的写照；开敞式空间则给人自由、流通、豁达的气氛。大空间令人有开阔宏伟之感；低矮的空间则往往使人倍感亲切而颇具温情。水平方向空间的性格比较开阔、舒展、平和，由于重心低，所以给人一种均衡、平稳的感觉。垂直方向空间的性格与垂直线接近，具有较强的纪念性，引导人的视线向上。当然太过于细长则显得不稳定，如果上小下大，在视觉上的重心也会降低，所以可表达庄严等气氛。这些都与空间尺度密切相关，尺度很小时，对人的压迫感比较大，对视线向上的吸引力更明显。而尺度很大时，如传统的教堂空间，则更显得具有强烈的宗教神秘气氛。斜向的空间性格、视倾斜角度而定、一般大于45°角则趋近于垂直空间；相反则趋向于水平空间，但与斜向空间相比则更具动态感，导向性很强，当然不稳定的感觉也较强烈。但当斜向的空间在一个序列中作为过渡与其他形式的空间相联系时，会由于性格的对比而产生一种由不定到肯定、有动有静、相互对比又相互衬托、丰富而有变化的空间性格的整体感受。

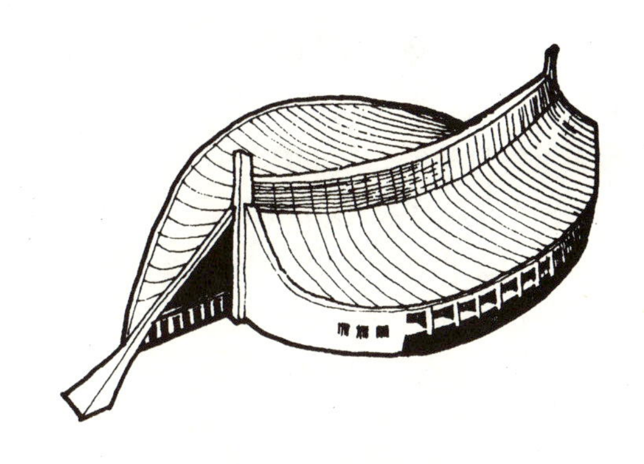

丹下健三设计的代代木体育馆外观

室内空间造型决定着空间性格，而空间造型往往又由功能的要求而体现，因此空间的性格在很大程度上是功能的自然流露。大家可能都有这样的体会，我们在街上常常看到路旁的一些建筑。对有的建筑你会感觉和评价它的外观形式好看不好看，有时还会对它的造型给予功能上的判断，说有的建筑看上去就像个体育馆，或看上去就像个办公楼，或看上去就像个火车站，或看上去就像个银行等等。但对有的建筑你也许会说，这个体育馆怎么一点不像体育馆，倒像个办公楼；或者会说，这个火车站怎么越看越像个寺庙。你为什么会这么认为呢？主要是大家生活在这个社会上，观察到的建筑多种多样，再加上通过一些影视、图片等对建筑的反映，逐渐在人们心目形成了一种约定俗成的概念，认为体育建筑造型应该是富有力度具有动感的；教堂建筑也应该是高耸而颇具古典色彩的；办公楼就应该是庄重、严肃、典雅等等。这种约定俗成的意识逐渐形成了建筑的性格特征。

其实，室内空间的性格同样或多或少地表现出功能的特点，从而使这一类型的空间区别于另一种类型的室内空间。餐饮空间与办公空间可能就不是一回事；娱乐空间与展览空间也不会是一回事。但是仅有“功能”这一点区别还不能完全说明问题，有时会与其他类室内空间相混淆。于是我们必须在这个基础上以种种手法来强调这种区别，从而有意识地突出其鲜明而强烈的性格。但是这种强调应该是有机的、艺术的，而不能用图解式的、贴标签的办法来表明其性格。2008年北京奥运会的主体育场“鸟巢”设计，就是对体育建筑的性格注入了新的理念。其造型语言既摆脱了原有体育建筑司空见惯的模式，又较好地结合了功能使用上的要求。尽管存在较大争议，但其在形式上的突破无疑为体育建筑的设计创新带来了新思路，使空间性格之内涵更加丰富。

空间规整庄重、肃穆、具有较强的纪念性

由于功能要求不同，各自都有其独特的空间形状、尺度及组合形式，因而也就形成了各自独特的空间性格。例如幼儿园的室内空间，其尺度为适应儿童的要求，就可以将空间各要素小于其他类型的空间，这也是构成它性格特征的一个重要因素。

还有一些类型的室内空间，它们的性格表现与物质使用功能特点似乎没有多少直接联系，这类空间的性格特征主要不是依靠物质功能特点来反映，而是通过其精神功能来赋予的，如纪念性的空间，要求能唤起人们庄严、肃穆和崇高等感受。为此，它的平面和空间造型应力求简洁、肯定、稳重，以期形成一种独特的性格特征。

西方近现代建筑的发展，打破了古典建筑形式和空间的束缚，特别是强调了"功能"（物质功能和精神功能）的决定作用，这无疑有利于突出室内空间的性格特征，并且有助于在同类空间的性格中取得更大的突破——个性的显现。

实际上，空间的个性就是其同类空间性格的突出表现，它同样根植于功能，但更重要的是充分展现空间的艺术表现力。勒·柯布西耶设计的朗香教堂，其外部造型和内部空间与我们常见的教堂建筑根本不是一码事儿，但它同样具有教堂建筑的性格特征。古怪的造型和神秘的内部空间从另一个角度解读了宗教的涵义，使人们有了一个全新的与上帝对话的场所，你能说它不是教堂？悉尼歌剧院大家都熟悉。在观演建筑中，它却别具一格，与众不同，这与其说是个性的魅力，不如说是对性格特征的突破拓展和全新的阐释。

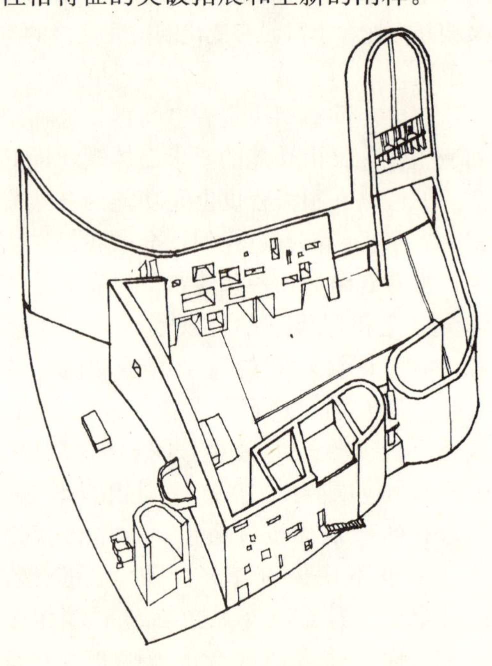

勒·柯布西耶设计的朗香教堂轴测图

朗香教堂内景

可见，空间的性格和个性，是一个相互包容的综合体。缺乏个性的空间，只能产生千篇一律，似曾相识之感。同样，性格不突出的室内空间更没有其存在的价值，个性也就成了无源之水、无本之木，实在是无从谈起了。因此，空间性格的体现是我们在室内空间造型设计中的一个不容忽视的重要方面。

### 2.3.2　空间的充分利用

室内空间设计是对建筑原有结构及围护面所形成的内部空间进行再创造，使其更加符合人们在室内空间中进行各种活动，满足人们的物质及精神方面的不同需求。但建筑本身形成的原始内部空间尽管能或多或少地反映其建筑的特征，但仍有一些空间无论在功能使用方面还是在空间造型的艺术处理方面都不大尽如人意，存在着这样那样的问题，需要解决和完善，特别在空间的利用方面显得更为突出，比较典型的就是对大空间的充分利用。

大家也都知道，室内的大空间就其功能来说，可以多种多样，既能作为餐饮、观演及歌舞等场所，又能当成过厅、会议厅及中庭等来使用。这些不同使用功能的场所往往为大空间的再创造和充分利用，准备了良好的客观条件。常常有些大空间本身就因先天不足而不大理想，要么感觉呆板、平庸，大而无当；要么就是不能较好地满足使用要求。既浪费了空间；又形不成好的艺术效果。可见充分利用好室内空间是室内空间造型设计的一个重要环节。

要想使大空间被充分利用，不至于浪费，常见的手法就是设置夹层，以夹层分隔空间来提高其利用率。若夹层的宽度超出了原结构的允许限度，就需要设置柱子，并按一定模数排列，这对功能尤其是空间形式都会产生很大影响。夹层一般可分为单排列、双排列、U形及环形等几种形式。当 $L_1 < L_2$ 时，$H_2 < H_1$，原空间被分隔为 A、B 两部分。

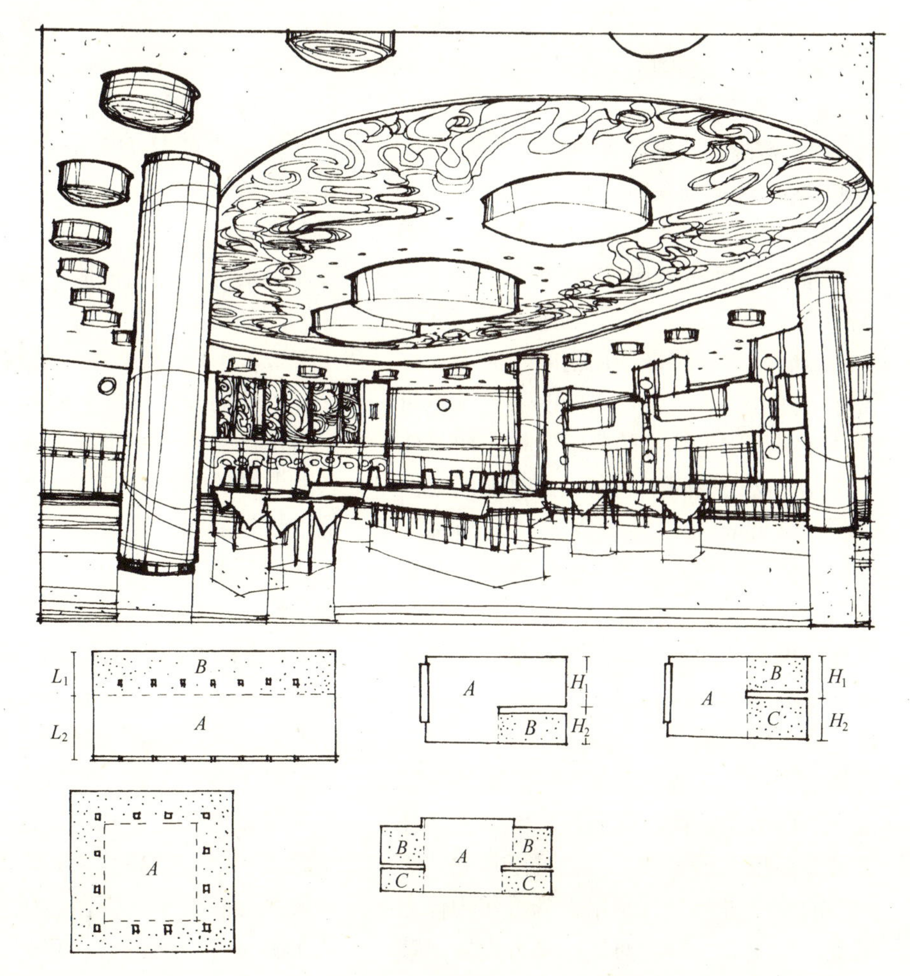


空间的两侧夹层是新加上去的，既充分利用了空间，又丰富了空间层次

夹层的不同形式的处理会产生不同的空间效果

作为交通空间的天桥，也是充分利用原空间的较好手段

$H_1=H_2$，原空间被分隔成 A、B、C 三部分。当空间四周设置夹层，变成环形时，就会形成 B、C 两个环形空间套着 A 空间的组合形式。

但当夹层上部局部封闭时，这样就把 C 空间摒弃在整体空间之外，只剩下 A、B 的大小组合。

通过以上夹层的不同设置，都可以在不同程度上丰富了空间的变化，使之主次分明、层次清晰，既突出了中央的主要空间，又能使原空间得到合理利用，横向的夹层和竖向的列柱改变了原有空间的呆板和沉闷，让空间充满强烈的韵律感和节奏感，使之既富有变化，又无损于空间的完整与统一。

虽然通过夹层来利用空间不失为一种较好的办法，有时根据功能的需要，也可以将夹层不作为特定的具体安排，而是作为纯粹的交通空间来利用。这时夹层就变成我们常见的通透性较强的“跑马廊”。这种作法可使空间的整体感觉和视觉联系得到很好的保证。当然，有的高大空间，尤其是展览和商业空间，为了功能需要设置了数层人行天桥，使之互相穿插、交错，既大大丰富了空间的层次，又巧妙、合理地利用了空间。还有我们经常遇到的楼梯口部的小空间，尽管从大空间的整体效果看显得无足轻重，但也可以将此“无用”的空间进行充分利用。既可作为休息场所，形成动、静之对比；又可设置成装饰景点，点缀以水体、花木，给人自然之美、装饰之美。其实，现在家庭装修中普遍存在的顶柜、壁柜等，就是充分利用空间的最朴素的佐证。

空间的充分利用，有使用功能的需求，实际上也有精神功能的要求，有时候在大空间各方面都比较理想的情况下，利用空间主要是为了满足人们精神上的需要。波特曼设计的新加坡泛太平洋大酒店，其中庭就是充分利用建筑提供的空间，在装饰陈设上大作文章。层层穿插、错落有致的红纱灯笼串从天而降，加上盘旋而上的暗红色织物抽象造型，组成了一幅绚丽壮观的立体画面，令人叹为观止。

**2.3.3 原结构形式的利用**

众所周知，建筑空间是人们通过物质材料从自然空间中围隔出来的，从而形成各种各样的室内原空间。我们对空间造型的设计就是对建筑原空间的再创造，以满足人们对不同功能的需求。而室内空间造型是建立在由建筑结构形式造就的原空间基础之上的，甚至有时原结构形式还对室内空间造型起着重要作用，对创造室内空间整体效果和审美意境发挥出其独特的魅力。

作为结构形式，它只是一种手段，虽然同时服务于功能和审美这双重目的，但是就互相之间的制约关系而言，它和功能的关系显然要紧密得多。任何一种结构形式都不是凭空出现的，它都是为了适应一定的功能要求而被人们创造出来。只有当它所围合的空间形式能够适应某种特定的功能要求时，它才有存在的价值。

随着社会的日益发展和人们对现代生活的追求，室内的功能也在不断地发展和变化，结构形式自身也不断趋于成熟，从而更好地适应于功能的要求。任何一种结构形式，一旦失去了功能价值便失去了存在的意义。

诚然，不同的功能要求都要有相应的结构方法来提供与功能相适应的空间形式。如为适应鸽子笼式的空间组合形式，可以采用内隔墙承重的梁板式结构；为适应灵活划分空间的要求，可以采用框架承重的结构；为求得巨大的室内空间，则必须采用大跨度结构，像桁架、壳体、悬索、网架、充气、帐篷式等等。每种结构形式由于受力情况不同，结构构件的组成方法不同，所形成的空间形式必然是既有其特点又有其局限性。“特点”是较好地反映了空间造型的特征；“局限”是由于客观条件的制约，不能充分满足空间的功能要求和艺术效果。

这就需要我们在室内空间造型设计中对原结构形式有时可以直接“素面朝天”，有时可以“浓妆”，有时也可以“淡抹”。因为我们不应忘记结构还要服务于另外一重目的，即满足精神和审美方面的要求。与功能相比，虽然这方面的要求居于从属地位，但是这个问题却不应该是可有可无的。古代的建筑师在创造结构时从来就是把满足功能要求和满足审美要求联系在一起考虑的。例如古代罗马建筑所采用的拱券和穹隆结构形式，不仅覆盖了巨大的空间从而形成规模庞大的法庭、浴场等以适应当时社会的要求，而且还凭借它创造出优雅夺目的艺术形象。一些教堂所采用的尖

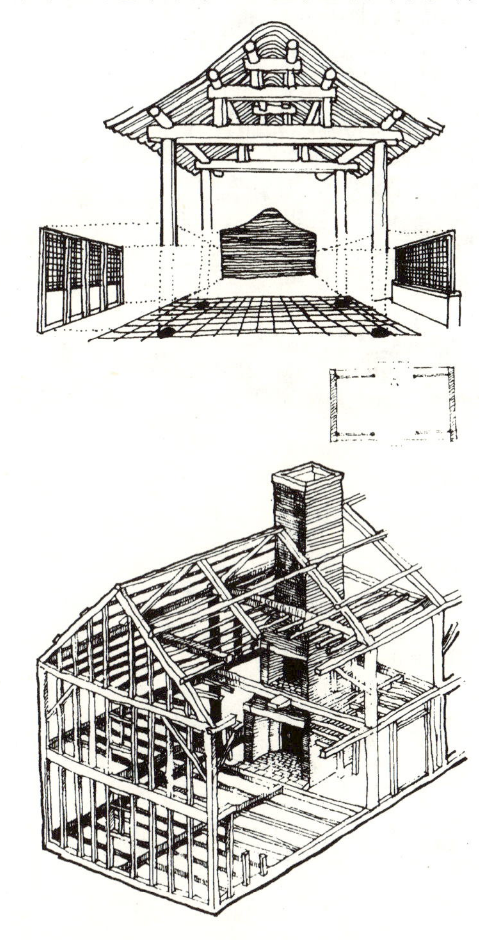

许多传统的结构形式本身，既具有美感，又与功能要求密切相关，这正是其魅力的永恒所在

蓬皮杜艺术中心室内

该空间顶棚的形式是建筑形式的完全反映

拱拱助和飞扶壁结构形式，为教堂内部空间增添了巨大的艺术感染力。

不同的结构形式不仅能适应不同的功能要求，而且也各自具有其独特的表现力。如果说西方古典建筑所采用的砖石结构，一般都具有厚重敦实的感觉，那么我国传统建筑所采用的木构架及藻井、斗栱等，则产生一种轻巧、空灵的效果。遗憾的是，现在室内空间造型设计中对斗栱等的利用和处理，除了作为装饰这一张皮，与结构还有什么关系呢？其生命力就显得异常脆弱。因此，在现代技术日益发达的今天，对建筑的原结构形式如何利用、驾驭，使之更充分地融入室内空间，是我们在空间设计中面临的一个课题。

对空间的原结构形式的利用一般可从两方面来解释：一是采用“拿来主义”的办法，使其“素面朝天”，不需要进行所谓的艺术处理，而利用其原结构的形式美使人领悟结构构思及制造工艺所构成的空间美的环境氛围，它可以是较原始的朴素之材构成的结构形式，也可以用现代化的新材料，诸如钢铁、硬铝、塑料及各种复合化工制品来体现高科技带来的新的结构形式，这种结构形式的现代感、韵律感、力度感及安全感，比之繁琐和虚假的

代代木体育馆室内

装饰造型，则显得更具有令人震撼的魅力和朴实的内在气质。大家熟悉的法国蓬皮杜国家艺术中心就是将结构构件等完全暴露，装配和拆换都比较快捷，给人带来一种出乎意料的效果和惊喜。日本丹下健三设计的东京代代木体育馆，屋顶采用悬索结构，使室内空间造型充分利用了建筑的原结构形式，充满动感的力与美，使内部空间造型与建筑外部得到高度的统一。试想，如果将这些优美的结构形式在室内设计时遮盖起来，再经过反复认真地推敲，做上吊顶处理，是不是有点画蛇添足。

从另一方面来解释对原结构形式的利用，则要根据实际功能的需要进行灵活处理，采取间接利用的方法。因为有些室内的原结构形式，对空间的整体效果固然有形式上可利用的一面，但并非完美无缺，有时受空调、照明、消防等设备管线的制约，使其结构的形式美无法充分展现，这时就需要在利用结构形式的基础上进行再加工。至于具体加工到何种程度，则需要灵活掌握，“浓妆”也好，“淡抹”也罢，都是为了使之更加符合现代室内空间的整体使用要求。

### 2.3.4 运用空间的四维特征，步移景异形成空间的序列

室内空间的存在有时是独立存在的单一空间，但作为建筑中的室内部分，由于功能的需要，空间往往是以多个空间组合在一起的，从而形成多种多样的复合空间。建筑艺术之所以不同于绘画、雕塑，就在于人们可以进入它的内部去欣赏、去使用，可以随着位置的移动和时间的推移观察到不同部位的内部空间而产生不同感受的视觉效果。因此室内空间的三维特征又多了一个第四维的要素——时间。

在建筑中，室内空间作为三维的实体，人们不可能一看就看到它的全部，而只有在运动中，也就是在连续行进的过程中，从一个空间走到另一个空间，才能逐一看到它的各个部分，从而形成整体印象。由于运动是一个连续的过程，因而逐一展现出来的空间变化也将保持着连续的关系。

从这里可以看出，人们在室内空间中，不仅涉及到空间变化的因素，同时还要与时间因素发生关系。组织空间序列就是要把空间的排列和时间的先后这二者因素有机地统一起来。只有如此，才能使人不单在静止的时候能够获得良好的心理感受，而且在运动的情况下也能得到理想的整体印象，能够使人感到既协调一致，又充满变化，且具有时起时伏的节奏感，从而创造出完整、动态的空间序列。

如果说感觉和知觉是人接受室内空间信息的基本途径，那么时间与运动就是人们对室内空间环境感知的基本方式。

就人观察室内空间环境而同其发生关系而言，时间的概念可以从两方面理解，一是单纯的时间延续，如从早到晚，一年四季，或更长久的时间持续都可以观察到环境处于不断变化之中；另一个是与运动相联系的，即人在运动中随着时间与位置的变化而得到对环境不同角度、不同侧面的认识。因为人对室内空间的体验是伴随着时间与运动来实现的。我们中国传统园林艺术中的“静观”与“动观”早就悟得很透彻了。

室内空间艺术中的时间是以运动方式体现出来的，因为任何运动形式必然包含着时间的延续。需要指出的是，在这里，室内空间环境中的时间因素要同空间联系在一起考虑，它是室内空间的一个“维”。确切地说，是多了一个条件观察原本是三

维的空间，而这一个“维”又是同运动密不可分的。关于这一点意大利建筑评论家布鲁诺·赛维(Bruno Zevi)在《建筑空间论》(Architecture as Space)一书中就提到：“通过亲自穿越空间，这四维空间所能诱发和使人把握到的是一种视力体验和动态的成分。甚至连电影也不具备我们感受空间效果所获得的那种完整而随意的领会，任意活动的经验这个主要之点。要想完全地感受空间必须把我们包含在其中，我们必须感觉到我们是该建筑机体的组成部分，又是它的量度。”

室内的空间特征使得人能在其包围之中去感知和观察它。由于室内空间与观察者的相对位置不同，所得到的视觉印象也是变化着的。这些不在同一时间内形成的、变化着的视觉印象经过头脑的加工整理，形成了对室内空间的总的、较为完整的印象。这种时间因素的加入不仅使空间具有了又一“维”，成为四维空间艺术，也使得人能加入到室内的空间序列之中去，有层次、有顺序地或是随意地观察室内空间。另外，在一个空间序列中，人们对已看过部分的空间印象也会影响到即将来临的下一个空间的感受。因此，在设计时应注重过渡空间以及序列中各空间之间的关系，因为这些因素对整体空间的感受是十分关键的。

在室内空间序列中，运动与时间是相互关联的。因此，室内空间的序列也必然带有一定的动态因素和流动因素。组织空间序列可按其功能特点和性格特征而分别选择不同类型的空间序列形式。可以是单向的，带有一定强制性，如博物馆、展览

中国古典园林对空间序列的处理方式

馆空间等。其特点是空间序列的组织与人流路线相一致，方向性也很明确，给人以简洁、率直的感受。还有就是多向的，它的空间方向性不甚明确，带有多向的特性，形式较为轻松、活泼，富有情趣。空间之间可以相互连贯、相互渗透、相互流动，人们随着视线的移动可以得到不断变化的视觉效果。中国古典园林建筑中在空间处理方面就很能说明问题，在这里，空间的对比与变化、重复与再现、衔接与过渡、渗透与层次、引导与暗示等处理手法均得到了充分、全面的发挥，使人对空间序列感觉变幻莫测，充满了强烈的节奏感。达到了“以小见大”，步移景异的效果，给人以“庭院深深，深几许?”的感觉，真是“虽由人作，宛自天开”。

一般来说，组织空间序列，首先既要有主要人流路线逐一展开的一连串空间；又要兼顾到其他辅助人流路线的空间序列安排，二者相互衬托，主次分明。空间序列逐一展开形成有起、有伏、有抑、有扬、有主、有次、有收、有放。其实“放”也就是形成高潮的前提。一个有组织的空间序列，如果没有高潮必然会显得

北京香山饭店四季厅入口处

平淡而无中心，这样的空间很难引起人们情绪上的共鸣。若要形成高潮，首先应把主体空间安排在序列的突出地位上，运用空间对比，以次要空间来烘托，使它能够充分突出出来，形成控制全局的高潮。

当然，有放就有收，只收不放势必使人压抑、沉闷，高潮也就无从谈起，但只放而不收，也可能使人感到松散和空旷，二者相辅相成。

因此，在空间序列中，空间与空间之间应有衔接。通过一些小空间的过渡，一方面起空间收缩的作用，同时也可以借以加强序列的节奏感。另外，对于空间序列的转折处，可以运用空间的引导与暗示来保持序列的连续性，以避免开门见山，一览无余。但这种引导与暗示并非只是简单地运用一些标识、箭头等图解式的符号，而是通过空间处理，自然含蓄地使人于不经意中沿一定方向或路线依次进入另一个空间。北京香山饭店四季厅入口处就是设置了一个带圆洞的影壁，使四季厅与入口过厅巧妙地联系在一起，既有引导与暗示作用，又增加了空间的层次与渗透。

在一条连续变化的空间序列中，某一种形式空间的重复或再现，不仅可以形成一定的韵律感和节奏感，而且对于衬托主要空间和突出重点、高潮也是很有必要的。由重复和再现而产生的韵律通常都具有明显的连续性，处在这种空间中，人们常常会产生一种期待感。可见，适当地以重复的形式来组织空间，可以为高潮的到来作好铺垫。因此，只有把对比与重复这二者结合在一起使之相辅相成，才能获得统一有序的空间效果。

从以上分析可以看出，空间的序列组织实际上就是在保证功能联系合理，顺应主要流线规律的基础上综合地运用对比、重复、过渡、衔接、引导等一系列空间处理手法，把个别的、独立的空间组织成一个有秩序、有变化、统一完整的空间组合群，使人在连续运动的过程中感受到空间的变化、起伏、节奏和韵律，从而形成一个有效的空间序列。

### 2.3.5 突出室内重点

我们知道，对于室内空间造型设计，不但要满足空间的功能使用要求，而且要考虑到空间的人流组织以及人对空间造型和审美要求。对于任何室内空间造型处理，统一和谐是为了表现空间形式的整体效果，但统一并非是消极的，因为同时在空间造型中也必须具有多样的对比关系。

在整个内部空间中，每种部件均具有其独特的造型、尺寸、色彩和肌理。这些特性，协同其位置、朝向等要素共同决定了每一部件的视觉分量，以及它在整个空间中各自吸引力的强弱，才能使之更富有生气和活力，并以此形成空间的趣味中心——室内的重点。

相对于一个独立的室内空间，突出其重点是非常必要的，也是体现空间性格特征和烘托空间气氛的有效途径。室内的重点，它可以是平面的，也可以是三维的；既可以只有一个重点，也可以有两个或以上的重点；它可以是壁画、雕塑，也可以是室内的结构构件和楼梯等，甚至一个主立面。通过含意深远的尺度大小，独特的形态或对比的色彩、明度与肌理，可以使一个重要的要素或某种特色成为视觉的重点。在任何情况下，都应该在空间的支配

巨大的圆形顶部造型成为空间重点视觉要素

一个要素或特征可以在空间中关键的位置或方向性上加强其视觉重要性。对于一个特定的室内空间来说，一般室内的重点都要占据一个重要的位置。这个位置可以在室内空间的中枢部位，也可以在室内的主要轴线上或其对称位置上，有时可以在垂直的主立面上形成视觉中心。当然，这并不意味着把重点都要放在轴线上或中心点，对于不规则的空间造型，也可选择相对的均衡点作为室内重点要素的安排，偏置或孤立于其他众要素，也可是线性序列或运动序列的终点要素或非对称构图的安排。这样安排，也许更能灵活地展现室内空间的氛围。

另外，室内的重点要素所占据的位置也并非只局限于二维的地面上，对于高大空间有时甚至也可以把重点要素悬吊在垂

要素或特征方面与它们的从属要素之间建立一种可辨别的对比关系。这种对比可以用打破正常构图规律的方法引起人们的注意，使重点要素成为室内空间中一道靓丽的“风景线”。

因此，我们必须掌握突出室内重点的一些办法，以使室内空间达到更高层次的统一和谐。

1. 位置

主要位置的占据，使雕塑尤为突出

两侧楼梯的环绕，使中央实体要素成为重点

直的空间中，以便形成室内视觉的趣味中心。总之，要视室内空间平面构图的具体形式、具体功能要求和表现的气氛需要而定。

2. 数量

这个数量，意思就是在整个室内造型空间中，不同形态的重点要素所占的量必须限制在相对很小的范围内，否则就会失去与整体形式的统一性而导致空间效果的散乱。因此，一个室内空间的重点要素最好可以有一个、两个甚至三个。

连续重复的多个装饰柱形成了空间的重点

但也有例外的，如果重点要素的形态无大差异，则在数量上就可以不受限制，连续的重复所形成的巨大重点形态也许更能烘托空间的效果，让人震撼。波特曼的新加坡泛太平洋酒店中庭红色灯笼所形成的室内重点就是一个很好的例证。

3. 造型

室内重点要素的造型对空间的整个效果影响很大。它可以作为二维平面出现在空间中，如主立面上的壁画或其他装饰物。有时也可以是三维立体造型，如雕塑甚至家具等。对于重点要素造型的处理，采用变异的手法，通过不规则的或具有强烈对比的造型，进一步加强其视觉重要性。可将重点要素与空间正常的几何性或与空间中其他要素在方向性上形成对比，也可将次要的或从属的要素加以排列，以便使人的注意力集中在重点要素上面。其目的在于打破其室内空间整体造型的规律，使之更明显地对比于整体空间造型，以便形成的室内重点更为突出。有时断裂、倒置、位移等这些具体手段均能较好地使重点要素的造型形成重点。

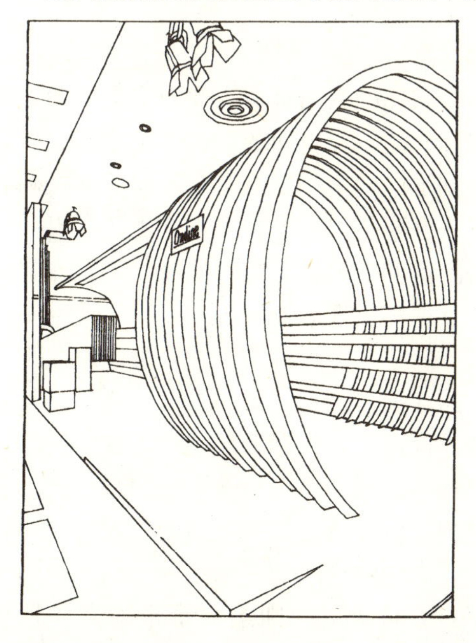

变异的造型使之在空间中更为突出

4. 尺度

一般可以这样认为，夸张的尺度和超常的比例可使室内的重点要素容易引起人的视觉注意，而小尺度则很难让人引起重视。因此，结合室内的功能和空间特征，有效地把握好室内重点的尺度是能否充分体现空间整体要求的关键所在。

5. 质感

所谓质感，是指作为室内的重点要素必须注意它与所属环境诸要素之间质感或肌理的差别。相对地说，就是要保持较大的质的区别性。否则，光有位置等条件还是不足以形成趣味中心的，室内的重点也不易从材质方面突现出来。同样的材质，但由于其表面肌理形式的不同，也会与周围环境产生差异，从而形成视觉冲击力。

强烈的质感对比使其表面肌理形式成为趣味中心

6. 色彩

有时候作为室内的重点，其所处的位

置，其自身的造型、尺度等因素对重点要素固然重要，但它们也只是构成形式的主要方法，并不能构成形式的基调。因此，通过色彩可以协调、渲染室内整体效果和空间气氛。

室内重点要素的色彩应用既可以与整体基调调和，也可以通过对比，使之与周围环境基调产生反差。这样，室内的重点就容易通过色彩因素更加突出，空间气氛也就营造得更加充分。

7. 照明

任何室内要素离不开照明，只有通过照明(尤其是人工照明)才能让室内空间充分显现出来，对于室内的重点，为了使之更加突出，区域感更强，就更离不开照明了。

作为照明这种手段，它一般都是从外界照射使重点突出，如壁画或作为重点的一个区域造型等。作为装饰照明，在特殊的情况下，有时也可以让重点要素内部自身照明，使室内重点成为独立的发光体，如新加坡泛太平洋饭店中庭的红灯笼，作为室内的重点，就是靠自身的照明成为中庭的视觉中心。

8. 动态

在室内空间中，一般动态的东西比静态的要素更能引起人们的注意。因此有时在空间中对重点要素注入动态因素，不但有利于突出重点，而且还能满足人们对室内空间不同的精神需求和审美趣味。

当然，并不是所有的室内重点都应该是动态的，要结合具体功能的要求和整体空间效果的需要，才能有效地选择室内重点应具有动态或是静态，并非绝对。

以上是突出室内重点的具体手段，只是一些肢解性的分析，便于我们有效地进行选择或综合使用，权当参考。这里需要特别强调的是，突出室内的重点固然重要，那是因为这个空间需要重点、存在重点，但并不是说任何室内都有重点。对有些室内空间而言，就无所谓重点不重点了，因为其功能要求就决定着它没必要存在重点。象地铁大厅，你说哪是重点，如果有重点，反而会影响这种空间的正常使用。还比如走廊，它只是作为一个过渡空间来使用，其空间特点只需要统一、协调，甚至也可以让走廊具有韵律感、节奏感，可以想象，这种空间要重点何用？

**2.3.6　空间形态的动与静**

前面已经提到，室内空间形态大体上可分为单一空间和复合空间两大类，而单一空间又是最基本的，由它略加变化，如加减、错位、变形等可得到较为复杂的空间形态。但如果由若干单一空间加以组合、重复等就得到复合空间形态，其组合的可能性也可以说是多种多样的。我们现在讨论的室内空间的构成形态，不只限于空间的结构形态，如空间的方向、空间的形状、空间的组合等等，而且还包括空间其他造型要素，空间动线组织等等。这些空间形态要素使动与静有机地交织在一起，从而使室内空间充满生命活力和现代气息。

根据室内功能的需要和其性格特征的要求，不同类型的空间形态对动与静的要求都会有所侧重。该动的要动，该静的则要静，或以动为主，或以静为主，或者使二者动静结合，共同组成空间形态的鲜明特征。像起居室、体育馆这类空间是以动为主，而卧室阅览室主要体现静，展览馆、购物中心室内则是动与静的结合。就空间形态的动与静这个问题，一般可以从以下几方面考虑：

1. 方向

空间的方向是所有空间形态的关系要素，它离不开空间的形状、尺度等。所谓不同形态的空间具有各自不同的性格和表情，主要是根据方向要素产生的，也可以说，空间的方向在很大程度上决定着空间的性格和个性。

除正几何形的空间外，可以说几乎所有的空间都带有一定的方向性，只是其程度不同而已。也有人把这种无方向性的正几何形空间作为“中性”空间来分析。它是向心的、稳定的和安静的。水平方向和垂直方向的空间会带来两种不同方向的动感，而斜向空间则给人带来的方向性更强，动感也更强，因此这种方向性较强的

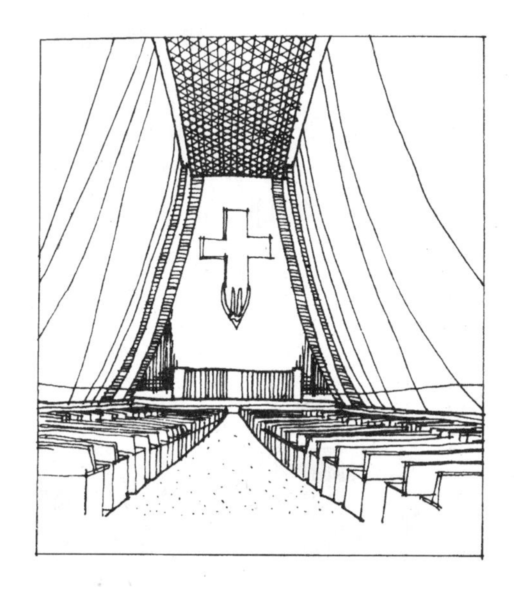
斜向空间带来的是升腾的动感

空间也容易使人产生心理上的不稳定。这时就需要动静结合，通过静态因素的安排，一边满足功能上的要求，一边也给人以心理上的平衡感。

2. 动线

空间的动线即是空间中人流的路线，是影响空间形态的主要动态要素。在空间中对室内的动线要求主要有两个方面：一是视觉心理方面；二是功能使用方面。动

不同的地面材质加上栏杆、列柱、顶棚的变化，使空间动静相对明确

线的安排决定着人在室内空间的流动次序，从而影响人们的视觉心理。同样的室内布置和陈设，由于观赏次序不同，人的视觉感受也就有所不同，甚至会产生相反的效果。同时还可把动线上的人作为动态的视觉对象，有意安排成“人看人”。这样动态的人与静态的人相互传递各自不同的视觉感受。

由人的行为特点具体到每一个有着明确使用功能的空间，反映在室内平面的划分方面，动线所占有的特定空间就是交通面积。而人以站、坐、卧的动作特征停留的特定空间，则是以“静”为主的功能空间。划分这种空间动静位置的工作就称为室内的功能分区，成为构成室内空间形态的基础。

可见室内空间的动线左右着空间的整体安排和使用功能，从而也影响到空间的动静分布和区域划分。

3. 构图

多个空间的组织形式，也是形成空间形态动与静的重要因素。空间之间的并列、穿插、围合、通透等都会给人带来心理上动与静的感觉。

对称的布局形式与非对称的灵活空间相比较，则明显带有宁静稳定和庄重的静态感觉，而非对称布局显现的是灵活、轻松的动感效果，蕴含着勃勃生机。

对称布局带来的是静态和稳定

自由式布局显得充满活力和生机

4. 光影

室内空间光影的变化也能产生动态效应。自然光的移动与人工照明的特殊动感会强化空间形态中动的因素。像歌舞厅，虽是以动为主，但同样也需要相对静的因素。变幻莫测、光怪陆离的舞台与舞池的灯光变化，把整个空间的气氛充分调动起来，而同时在休息区则通过点点的烛光暗示其静态的要求。通过光影使歌舞厅整个空间既充满强烈动感，又不失相对静的因素。

5. 构件、设施

这里是指诸如露明电梯，自动扶梯等，在室内空间中这些也是影响动与静的形态要素。

在大型公共场所，露明电梯既可作为巨型的活动雕塑，又可使人乘坐其中领略运动与变化着的空间形象。这是一种除室内空间以外的其他艺术品所无法使人得到的奇妙的感受。垂直升降的露明电梯与斜向移动的自动扶梯共同交织在一起，再结合人流的动线，使二者有机地连贯成一个更有机的动势。

6. 水体与绿化

在室内空间中，水体与绿化同样是构成空间形态的因素。下落的瀑布、流动的水面与绿化相互组合，给空间带来的是富有自然气息的动感。

绿化虽说从视觉上看是静止的，但却蕴含着一种内在的生命活力，这也可以说是一种比较含蓄的动静结合。

阳光在室内留下的投影，既有韵律感，又充满自然活力

无论是自然光还是人工光线，通过时间的移动或者设备的控制，都能使空间充满动态气息

自然的阳光、绿化和装饰性飞鸟，与自动扶梯的动态共同交织成一个富有生命活力的乐章

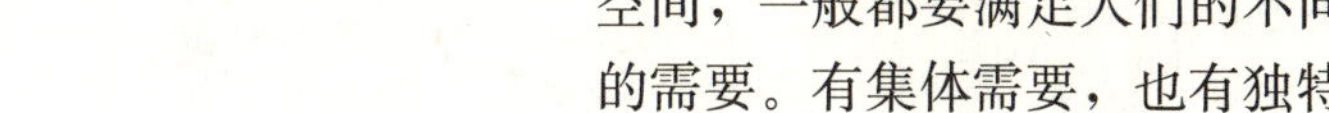

### 2.3.7 满足领域感与私密性

对于各种不同类型、不同功能的室内空间，一般都要满足人们的不同活动行为的需要。有集体需要，也有独特的个人需要，同时不同的需要取决于人不同活动的性质，主动的还是被动的、有声音的还是安静的、公众的、小规模的抑或是私人的。如果室内空间存在不止一种的用途，那么就需要让它们共存。既要满足人们公众活动需求，当然也要满足人们对空间的领域感和私密性，因为人们的某些活动(如会议、观演、购物等)可能需要紧密联系在一起，或是相互毗邻；而人的另一些活动(如休息、会谈、学习等)由于私密性的原因又可能要求空间有间隔，或者分开。有些活动可能要求进出方便；而另一些活动则需要控制进出；有的活动(KTV、卧室等)会有特定的空间要求，而另一些则可以较灵活或有可能去共用一个通用空间。

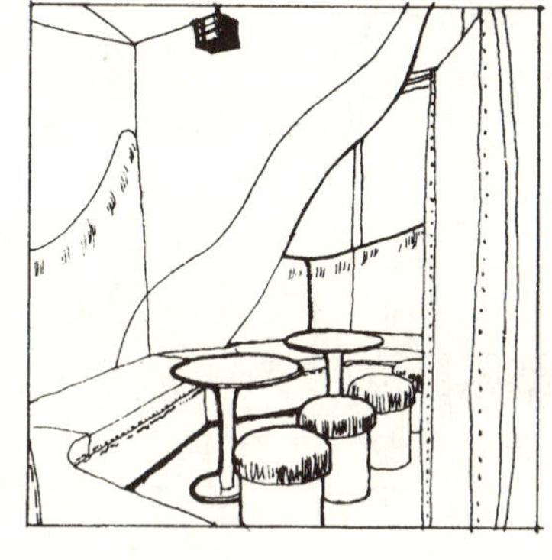

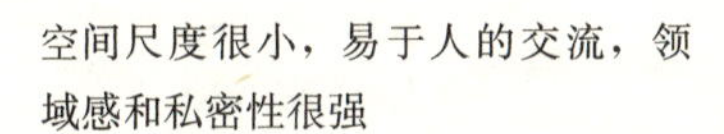

空间尺度很小，易于人的交流，领域感和私密性很强

由不同的空间分隔方式，形成各自不同的领域感

舞台具有明显开放性质的领域感

观众席的领域感以体现静态为主

美国建筑师兼理论家文丘里说过："建筑的基本目的是去围合空间，形成一'场合'，并非仅仅去追求空间的导向"。意思就是说空间要表现出层次，要有相对的公共性与私密性的领域，并且要有一系列有象征、可被识别的"标志"加以区分。在这里，对"场所"的强调，实际上也就是对"领域感"的强调。领域感的形成，正是室内空间具体化的体现，包含有人在其中从事某种或某几种活动的含义。室内空间，如果离开了人的使用，人在其中的活动就象一条干涸的河床一般，缺乏生气。因此，室内空间就是要创造一些"领域"（或曰"场所"），而并非仅仅去体现一些"新的空间观念"；强调领域感，就是要把空间与人的社会活动与人们心理上的要求统一起来。这是空间设计创作中不容忽视的重要内容之一。

因此，可以认为领域感的形成是人们为某种活动行为对室内空间的局部占领，它要求对空间进行不同程度的限定。而领域感可能给人带来有私密感，也可能具有开放性质，不需要具有私密性。以我们常见的歌舞厅为例，两边设置的各种形式的"火车座"，通过一些家具或矮隔断，围合成一定的区域，虽然视线不受阻扰，但其领域感却较歌舞厅中间的一些散座来说，

动静结合形成的不同领域具有象征性

还是比较明显的，在这个区域里人们就容易感觉到一定独立性的私密感。而歌舞厅的舞台、舞池部分，由于使用要求地面升起或变幻地面材料，其领域感也很强，形成了空间视觉中心，但它却不具有私密性。

家具的围合形成了虚拟的领域感

通过家具和隔断，使领域感具有相对私密性

对于私密性，它的特点可用"静"和"密"二字加以概括。"静"是相对的，是对该领域的空间气氛的特定要求；"密"则是形成领域感的具体分隔手段和先决条件。没有一定程度的"密"，也形不成一定程度的领域感。

对于不同功能，不同空间特点的室内，其领域感的满足和私密性的形成都有不同的具体处理手法。象居住空间，对卧室的私密性要求很高，空间分隔也就尽量以绝对封闭为主，空间界限非常明确，具有全面抗干扰的能力，保证了安静、私密的功能需求。而起居室中的会客区域，有时以家具进行象征性分隔，再加上局部装饰地毯进行强化，这样领域感便形成了。但这只是象征性的，是一种心理感受形成

虚拟的领域感，其空间划分隔而不断，通透连贯，流动性极强。

可见，领域感的形成和私密性的满足是室内空间造型设计中一个不可或缺的内容。只有领域感形成了，才谈得上满足其私密性，而领域感的形成具体说来就是依靠各种不同方式的空间分隔处理，以期满足人们对室内空间的开放或私密性要求。第二章"室内空间造型的主要内容"一节里已经讲述过关于"空间的分隔和联系"，下面仅从满足领域感和私密性的角度方面对空间分隔形式加以诠释。

1. 绝对分隔

这种分隔方法使空间界限异常分明，以实体墙面分隔空间，达到隔离视线、温湿度、声音的目的，形成独立的一个空间，具有很强的私密性。

2. 相对分隔

通过屏风、隔断等，使空间不是完全封闭，具有一定流动性，空间界限不是十分明确。这种分隔形式形成的领域感和私密性不如绝对分隔来得强烈。

3. 意象分隔

也就是所谓象征性分隔。主要是通过非实体的局部界面进行象征性的心理暗示，形成一定的虚拟领域场所，以实现视觉心理上的领域感。具体手法如下：

• 建筑结构与装饰构架　利用建筑本身的结构和内部空间的装饰构架进行分隔，以简练的点线要素组成通透的虚拟界面。

• 隔断与家具　利用隔断和家具分隔，具有较强的领域感。隔断以垂直面分隔为主；家具以水平面的分隔为主。

• 光色与材质　利用色彩的明度、纯度变化，材质的光滑粗糙对比、照明的配光形式区分，实现领域感的形成。

• 界面凹凸与高低　利用墙面的凹凸与地面、天花吊顶的高低变化进行分隔，使空间带有一定的展示性和领域感，富有戏剧效果和浪漫情调。

• 陈设与装饰　利用陈设和装饰分隔，使空间具有较强的向心感。既容易形成视觉中心，也容易产生领域的感觉。

• 水体与绿化　通过不同造型的水体与绿化的分隔，不但能美化扩大空间感，并划分出一定区域，还能使人亲近自然的心理得到一定满足。

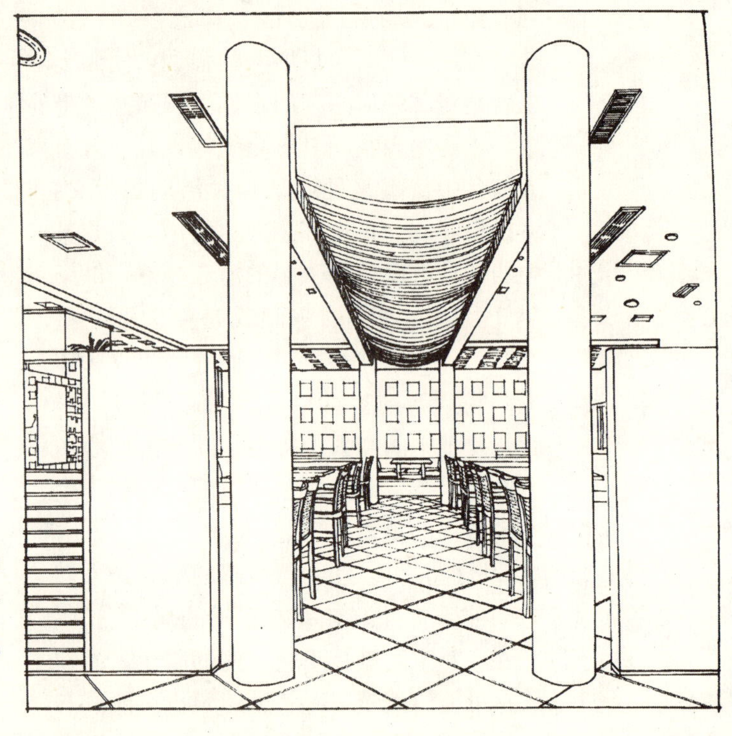

顶棚造型暗示出通道领域的形成

通过装饰构架及透空隔断形成各自领域

地面和顶棚变化共同界定出相对私密的领域

顶部织物暗示的领域能带来浪漫情调

顶棚和家具、柱子共同形成的领域

地面的变化给人以虚拟的领域感

### 2.3.8 整体感的形成

前面讲过，空间形成可以是单一的，也可以是多个空间组合在一起的，不同空间在一个建筑大空间里具有各自不同的功能使用要求和不同的性格特征，这也是形成室内空间风格样式丰富多彩、千变万化的重要因素。但是无论是单一空间还是复合空间，只求多样，而不求统一，势必会破坏室内空间的整体效果，显得零乱、松散、毫无章法和秩序。那种只片面注重细部、局部、装饰等而不关注整体要求的现象，在生活中也屡见不鲜。尽管在室内空间设计中存在着各种各样的功能和风格，但无不遵循着“多样而有机统一”的规律，离开这一原则，我们对室内空间的整体感的形成也就无从谈起。

说到“多样而有机统一”，我们自然想到“对立统一”这个词。因为对立统一规律是人类社会和自然界一切事物的基本规律，空间造型艺术自然也不例外，然而必须把对立的统一规律看作是哲学化的指导原则而不能直接搬用。在室内空间设计中，使用“多样而有机统一”的提法，就是把对立的统一具体化为空间造型要素之间的同与异的关系上。即形式的对立，表现在形式要素之间的区别之中；而形式的统一，表现在形式要素之间的联系之中。同时在空间造型中，各要素之间的区别是绝对的、不变的，无条件的，而形式要素之间的统一则是相对的、可变的和需要一定条件的。这个条件就是设计师的构思和设计，其中“有机”反映了各要素之间的统一，不是消极的，而是积极的，有生命的。

还有另一种提法，称为“统一而有变化”，似乎也不大科学。因为“变化”一词并没有反映出“对立”或“多样”这个质的差别概念，它只反映了变化多少这个量的概念。现实中有些室内空间造型要素间对比悬殊和失调，以及要素之间过分近似等都是它的畸形产物。另外，由于两者均未提出“有机”的要求，所以也容易导致一些室内空间造型的消极统一，而失去了形式的生动性。

弄清了这些概念，有助于我们对室内整体感的形成进行有效地理性把握，并非无病呻吟。因为内部空间及其围合物、家具、照明、陈设、绿化和水体等——通常是包含了造型、尺寸、色彩和肌理的一种综合，如何去组织这些要素，则是对功能需要和审美考虑所作的回答。与此同时，这些要素的组织必须达到视觉上的平衡，这些要素投射出来的视觉感之间的一种均衡状态，即整体感的形成。

诚然，整体感的形成离不开人的感知，这里有一个视觉片断的叠合与记忆储存的问题。人对室内空间环境的整体感的印象从这种意义上来说是一个运动中的综合过程，尽管具体的视觉片断是一个个“画面”，但它与绘画的独立的平面不同，其整体感不是单单由一张张“画面”的内容所能包容的，而是由此叠合并记忆再现的综合过程，但也不能忽略室内空间的特殊性，即室内整体感的形成对人来说是一个动态的综合过程。这一特性也可说明，为什么会在一个室内空间中反复出现某一形状或色彩的母题就可以产生比较统一、完整的视觉印象。因为在时间与运动中母题被不断重复，记忆被不断加深，印象也就越来越完整，整体感也随之越来越强烈。象贝聿铭设计的北京香山饭店，就是运用母题来使主题突出并且使整个建筑给人极为完整的印象的范例。在该建筑空间中，从大到小，从外到内，从一个空间到另一空间，处处都可以看出设计者对母题(即45°方形和灰线白底的色彩基调)有意识地反复强调。这一母题与完整的视觉感受使人难以忘却。实际上在日常生活中此例也屡见不鲜，麦当劳或肯德基餐厅的大“M”或大胡子上校的头像，这些标识与它们固有的色彩造型无时无刻体现在家具、餐具甚至服务上。尽管有体现设计“本土化”的趋向，但餐厅的整体感仍十分强烈，令人趋之若骛。

由此，室内整体感的形成可以从以下几方面归纳。

1. 母题法

即在空间造型中，以一个主要的形式有规律地重复而构成一个完整的形式体系。这种方法无论在传统古典室内设计中，还是在多样的现代风格的空间中都是经常运用的，它好比音乐中的主旋律，尽管经过各种不同的变奏，但它的基调是不变的，始终如一地保持了曲子的和谐和完整性，如上面提到的香山饭店，母题的重复运用保证了建筑空间的主旋律，渗透到各个大大小小的室内空间中，使之在多样变化的不同空间中并不散乱，相反，整体

顶部圆形造型的重复使这一母题成为空间的主基调

装饰构架统帅着空间格调

感却十分强烈。

2. 主从法

在空间造型的构成中，主要的要素有体量、方向、尺度等。在形体构成中的主要要素除前面的要素外，还有量(大小、轻重、厚薄等)、材质(软硬、粗细、透明度、光泽度等)、形(方圆、曲直等)、光(明暗、虚实等)、色(对比、调和等)等等。这些关系要素要有主有从，主次分明。就是说，你在设计中对空间处理不应面面俱到、平均使用，着重表现什么，从哪方面体现空间特点，必须心中有数，有的室内着重体现空间的奇特造型形状；有的是以展示空间的材质、肌理的美感或现代科技为主；有的是通过光的使用让空间充满迷离的气氛；有的则是靠某一风格、流派及样式贯穿整个内部空间；还有的是把室内的色彩当作空间处理的主要表现对象，让色彩统帅整个室内空间，诸如此类，如此等等。

可见，在如何处理室内整体感方面，必须有一方面占主导地位。尽管我们再熟悉和掌握形式美法则的内容，但如果处理不好这些关系要素，把握不住主从关系，也难以形成室内空间的整体感。

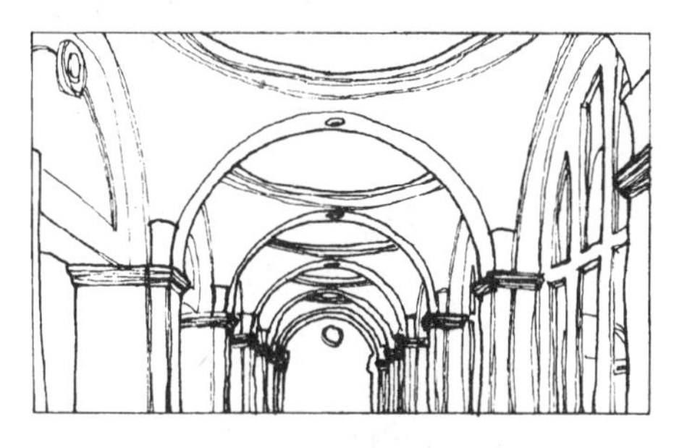

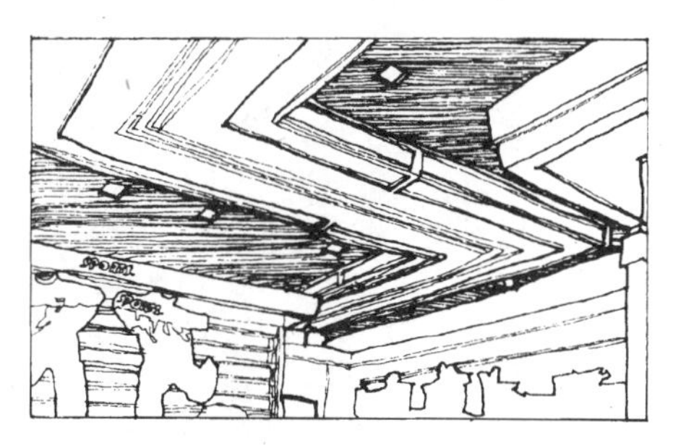

空间不同的主要要素加强了空间的整体感

重点表现材质，使空间的整体感得到加强

空间以展现结构管道为主要格调

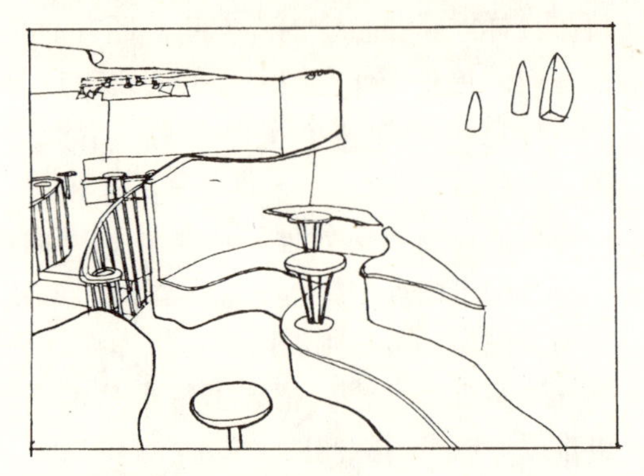

以自由的曲线形成空间的风格

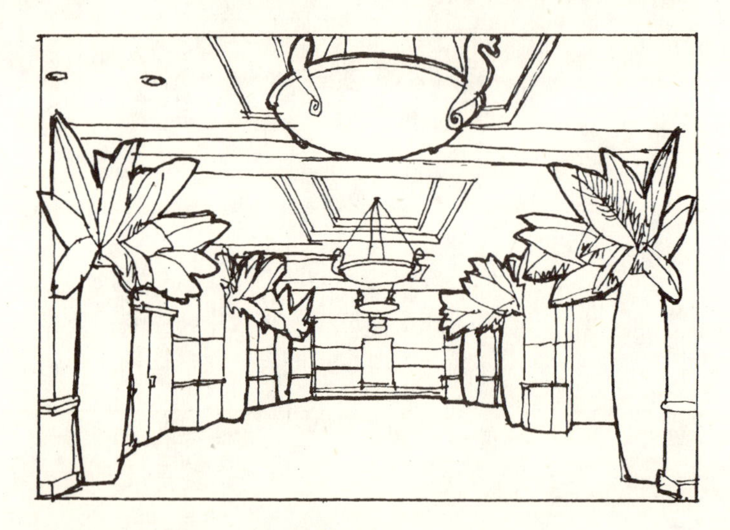

两侧的装饰造型强化了空间的整体感

3. 重点法

用突出室内重点要素的办法，也不失为形成空间整体感的一种途径。在室内空间中，重点突出的支配要素与从属要素共存，没有支配要素的设计将会平淡无奇而单调乏味；但如果有过多的支配要素，设计又将会杂乱无章，喧宾夺主。

应该注意的是，对重点的突出，其突出程度也应有所不同。一旦重点要素已经形成，那么就应采取恰当的手段使从属要素的安排能起到突出重点要素的作用。所以，一个空间重点要素的突出，应处理得既重视它而又有所克制，不应在视觉上过分压倒一切，使其脱离空间整体，不再成为整体中统一的部分，这样势必会破坏整体感。还有一些次要的重点——视觉上的各个分段重点——常常有利于使起支配作用的重点要素与从属要素结合在一起，按照“多样而有机统一”的原理，使形、色、光、质等存在着相互的关系，也有助于使空间设计形成整体感。

两侧的列柱及尽端的装饰成为空间的重点要素

墙面的自然景致决定了空间的整体氛围

4. 色调法

所谓色调法，就是构成空间的主要基本色调，通过颜色来统一空间造型。当然它是和一定的气氛相互联系的，如庄重、热烈、活泼、柔和、温暖、冷漠、清淡等等。这里必须指出，前面所说的“主从法”只是构成形式的主要方法，但它并不能构成形式的调子，方法虽然简单，但是调子却十分丰富。概括起来，大体分为对比和调和两大类，用这两种基调可变化出千差万别的不同调子来。

对比不是指简单的不同色彩的相加，而是仍存在一定的主从关系，这种色调使空间统一中蕴含着变化。而调和则是最易形成整体感的手段，色调最易统一。即使有变化，也只是同类色之间的协作关系。

综上所述，整体感的形成，就是要在进行局部空间设计的同时，必须时时处处不能忘记与整体空间效果的关系和空间各要素之间的关系。当然，局部对于整体也不是消极的适应关系，也要关注它自身的特殊性。没有局部空间的多样化特征，也就没有空间的对比，当然也容易失去其生动性。但如果只有多样而没有有机统一，就谈不上整体感的形成。尤其在现实生活里，那种在装修设计中只重变化而不求统一，唯恐天下不乱，尽堆砌、拼凑之能事。这种局面再也不能继续下去了，我想大家可能都会有这方面的体会。

### 2.3.9 空间的弹性利用

我们知道，不同类型的空间均有其不同的使用功能和其性格特征。如会议室，主要是用来开会；餐厅主要用于就餐；歌舞厅主要用于娱乐表演；商场主要满足购物要求等等。这些空间都有其独特的使用要求和空间特点。但这也不是完全绝对的，有的空间就使用功能来讲具有很大的灵活性；也有的空间功能不变，但对空间要求却有很大不同。这都说明，对空间的利用需要一定的灵活变化，有分有合，以满足对空间的各种各样的使用要求。换成学术一点儿的专业术语，就是空间的弹性利用。

试举一个常见的例子，北京人民大会堂的万人大礼堂是咱们在电视、图片中经常出现的，这里是党和国家举行重大会议的主要场所。但自从改革开放以来，它的使用功能正在逐渐变得多样化，有时用来举行大型会议；有时用来举办文艺演出；有时还会当作音乐厅，举办一些大型的交响音乐会。可见虽然还是以会议为主，但这样多元化的功能要求对大礼堂的空间，尤其是主席台部分提出了更高的空间要求和技术要求。对于会议主席台的布置要前低后高，这是对空间的一种利用；对于文艺演出，主席台就变成舞台了，就需要舞台局部水平旋转，垂直升降，这也是利用了空间；而对于举办交响音乐会，对舞台空间的利用就主要体现在声音的反射以及其装饰造型方面了，这也算是对空间的弹性利用。若从灯光照明这一角度看，也需要使用不同的光，以满足不同的使用要求。但遗憾的是，由于人大会堂建于50年代，无法预料到今天会发展到这种地步，尽管也进行了内部改造，但仍不可能充分满足体现现代新技术、高品位的各种活动需要。在这儿开个大会还很适合，也很体面气派，但若要举行文艺演出，办个音乐会什么的，就有些勉为其难了，还是无法同专业的剧院、音乐厅比肩，与那些国外先进的同类设施相比，更有点“赶鸭子上架”的味道了。如今之所以频频用来进行演出，举办音乐会，主要还是看上了人大会堂的政治地位和社会影响，借机进行一下炒作而已。从专业角度来看，并不能说明什么。

因此，空间的弹性利用在室内空间造型设计中是一个不容忽视的重要方面。它可以改变空间的大小、尺度，也可以形成新的空间效果，造成一种新的空间气氛，以至影响到人对空间的心理感受。

可见，空间弹性利用的最大特点就是多功能，对空间的弹性利用，下面归纳出一些常见手法：

1. 活动隔断

一个空间，利用活动隔断可以分隔成多个小空间，空间可分可合，隔断形式可高可矮；分隔出的空间可封闭，也可半通透，从而能满足各种使用要求。

2. 活动顶棚

顶棚通过机械装置可以升降或平移，借以改变室内空间的尺度、比例，甚至还可以使顶棚移开变成露天或半露天，既给人造成奇特的心理满足，同时又能适应多功能要求。

3. 活动地面

通过地面的升降、伸缩，既可丰富功能使用时的时空变化(如剧场、舞台的升降、平移，便于节目的演出)；也可以改变其使用功能的性质(如多功能厅或大宴会厅，舞台的伸出，可以变成天桥，以便用于时装表演或其他演出)。

4. 灯光变幻

在有的室内空间中，通过灯光的变幻也可以造成不同的使用效果。因为不同的功能，对光的要求不会一样，会议有会议的要求，舞厅也有舞厅的要求，表演更有其特有的要求。有时在空间中进行灯光设计时，可同时考虑到这些因素，什么功能需要就用与之相对应的灯光，从而更好地使空间具有弹性化和多重要求。

### 2.3.10 满足功能要求

判断一个室内空间设计优劣的起码准则就是看它的功能，功能是设计中最基本，也是最“原始”的层次，它反映了人对室内空间的舒适、方便、安全、卫生等各种使用上的要求。我们进行室内空间设计为的就是改善和满足室内空间的功能，从而使人感到心理上的满足，继而上升到精神上的愉悦。可见一个空间恰如其分的功能和空间的使用者和使用者的目的性直接相关。

从古到今，建筑由简单到复杂，由低级到高级的发展过程，实际上就是一部不断地由逐渐增多的功能要求而创造出的发展史。现代室内空间要满足各种各样的复杂功能要求，这就是产生各种室内空间类型和性格特征的基本依据和主要参照。不同的功能要求规定了不同的空间特征，如居室、办公室、会议室、展览厅、歌舞厅、影剧院等等。甚至对于多个空间类型组合一起的整体来说，它也必须依托空间与空间之间的合理关系来布局。因此“形随机能”之说还是有一定道理的。

谈到功能，自然不能不联系到“形式”，对“形式追随功能”的理解也不能只停留在抽象的概念上，尤其不能用简单化的方法生搬硬套，更不能机械地认为有什么样的功能，就必须产生什么样的空间形式。应当看到空间内部联系的复杂性，否则有许多设计问题无法解释清楚。例如经常提到的“形式”，严格地讲，它是由空间、形、色、材、光、声等种种要素的综合而形成的一种复合的概念，这些要素，在特定情况下，有的和功能保持着紧密而直接的联系；有的和功能的联系却并非直接；而有的似乎与功能没有什么太多的联系，基于这一事实，如果我们不加区别地把这一切都说成是由功能而来的，显然带有一定的片面性。实际上，从使用者和使用目的性这方面来看，功能固然与之相关，但并非绝对，因为人的需求从来是多方面而非单一的。它包括人们的生理需求和心理需求，因此对室内空间的设计，首先要考虑以下一些因素：

使用者(个人还是集体，特定而明确

的还是无特征的，是老中青皆宜还是针对单一年龄段的等等）及其使用者的各种需要。同时还要考虑活动行为的需要。

1. 人的各种需要
- 集体需要
- 独特的个人需要

2. 地点的需要
- 个人空间；
- 私密性；
- 相互的影响；
- 交通流线；
- 偏爱的事物；
- 偏爱的颜色；
- 特别的场所；
- 特别的兴趣。

3. 分析活动的性质
- 主动还是被动；
- 有声还是安静；
- 公众小规模还是私人。

若空间要求多功能，如何共存

4. 行为需要
- 私密感与领域感；
- 交通流线；
- 灵活性（弹性要求）；
- 光照；
- 音响品质；
- 温湿度；
- 通风。

5. 室内空间所需的质量
- 舒适；
- 安全；
- 多样化；
- 灵活性；
- 风格；
- 耐久性；
- 维护保养。

6. 确定可能的安排
- 功能分区；
- 专用的安排；
- 灵活的安排。

7. 最终应达到的空间意想中的质量
- 感觉情调和气氛；
- 形象与风格；
- 空间的围合程度；
- 舒适与安全；
- 光照质量；
- 空间的重点；
- 色彩与色调；
- 音响环境；
- 温度环境；
- 灵活性。

从而引发下列一些相互关系：
- 装修及陈设需要；
- 意想中的质量；
- 人的需要；
- 平面安排；
- 空间要求；
- 尺寸关系；
- 空间分析；
- 设计发展。

通过上述一系列分析，我们有一点应该肯定，即室内空间形式必须适合于功能要求，空间是与功能有直接联系的形式要素。这种关系实际上是人的各种要求对室内空间的折射和全方位观照，表现为功能对于空间形式的一种制约性——功能对空间的规定性，具体包括：
- 量的规定性；
- 形的规定性；
- 质的规定性。

所谓量的规定性，就是具有合适大小尺度的空间以容纳人或人们的活动。家庭居室所需的空间大小与剧场空间所需要的规模要求肯定不会一样，各有各的空间大小及尺度。起居室虽然在居住空间中属于最大的，但与公共室内相比，其空间容量还是小的。象剧场的观众厅，对空间容量的要求则更大；至于大到何种程度，则要看它拥有的观众席位。容纳的观众席愈多，其面积和空间尺度就越大。

因此，不同性质的空间，其容量相差可能很悬殊，这种差别主要是由功能来决定。可见，功能对于空间大小及容量的规定性的作用是非常突出的。

在确定了空间的大小、容量之后，下一步就是确定空间的形状，或方或圆，或其他不规则形状的空间形式，其选择的标准将随着功能要求的不同而有所不同，如影院、音乐厅，虽然功能要求大体相似，但毕竟因为二者视听特点不尽相同，反映在空间形状上也各有特点。另外出于严格复杂的视线、音响要求，其平面、剖立面形状也远远较一般房间复杂，对饰面材料也会有特定的要求，这些都是基于功能制约的结果。再比如体育馆，虽然也有视听两方面要求，但对听的要求不是主要的，加之看的要求又大于影剧院或音乐厅，这些功能条件的变化都直接反映在它的空间形状上。

虽然说功能对于空间形状具有某种规定性，但还是有许多房间由于功能特点对于空间形状并无严格要求，这也表明规定性中内藏着一定的灵活性。不过即使对空间形状要求不甚严格的房间，为了追求其使用上的完美，整体环境的协调和风格个性要求，也总会有它最适宜的空间形状。从这种意义讲，功能与空间形状之间仍存在着内在的联系。

功能对于空间的规定性首先表现为量和形两个方面，但仅有量和形的适应还不够，还要使空间在质的方面也具备与功能相适应的条件，最起码能够遮风避雨，抵御寒暑，具有必要的采光、通风、日照等条件。一些空间还要求防尘、防震、吸声、隔声以及一定的温湿度等等。尽管有些要求主要通过一定的机械设备或特殊构造方式来保证，但与空间形式的关系并不是完全脱离的，体会最深的，恐怕就是由于通风管道，消防设备等因素而影响到吊顶的设计造型和空间高度，试想，原来设想中的空间效果，因为受到这些设备因素的制约而无法体现，能说与空间形式没什么关系吗？因此，“质”有时会影响到“形”，特别是从人的感觉来看，这两者更是不能截然分开的。

空间的形状体现着空间的使用功能

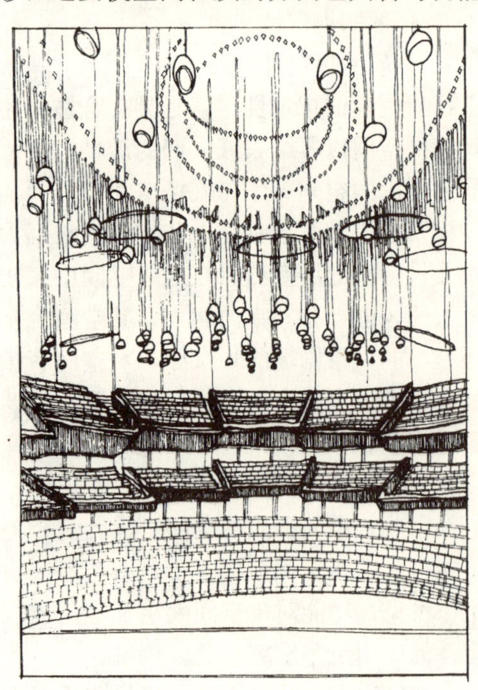

观演空间的形状由其具体的使用功能来决定

与功能安排相关的内容：

- 空间关系的布局；

顶部及墙面造型以体现具体的功能要求为主旨

- 环境的比例尺度；
- 交通路线的安排；
- 家具、陈设布置；
- 采光设计；
- 照明设计；
- 绿化设计；
- 通风设计；
- 设备安排。

与空间形式相关的内容：

- 形态构成；
- 明度设计；
- 材质效果；
- 色彩处理；
- 比例尺度；
- 整体气氛。

与设备构造相关的内容：

- 电器设备；
- 通风设备；
- 通信设备；
- 消防设备；
- 施工方法；
- 装饰材料。

由以上分析可以看出空间是与功能有直接联系的形式要素，它的大小差别是功能对于空间量的规定性反映；形状的差别是功能对于空间形的规定性的反映；至于涉及的交通、采光、通风、温湿、吸声、隔声度等条件的优劣，实际上是功能对于空间质的规定性的反映。

既然功能与空间联系如此密切，这就要求我们在空间设计中必须把满足功能要求放在首位。在此基础上，也要给人们提供一个良好的心理环境。因为人们除了生理上的实际要求外，还有精神上的心理要求(有时也称之为精神功能)，无论是生理要求还是心理要求，只要哪一方面失之偏颇，都有可能导致降低功效，失去平衡。同样，室内空间设计中，如果忽视了精神上的因素，则会导致空泛、平庸、缺乏性格和个性魅力，这就需要对空间的审美要求的满足，要同时与实用功能同步，"两手都要硬"。通过现代科技手段和审美规则，以最大限度地满足人们的生理和心理需求，从而提高室内空间物质环境的舒适度和效能，进而形成一定风格和氛围。

# 第3章　室内空间设计方法

## 3.1　以形态学方法研究形式和空间的基本要素

我们都知道，空间本身是无形的，不能触知的存在，因此也就无所谓形态性，但我们可以把充满(或形成)空间的立体(或实体)作为媒介以达到触知的目的。这里的“空间”指的是不包括实体在内的空间关系，即负的形态。这种负的形态也是知觉对象，也可以表现人们的生存方式和感觉方式。所以认识负的形态，也是人类意识进化的一种姿态，人类把意识表象化，从而使空间有形化，这种形是以传递实体之间的关系而表现的。

就三维的空间形态整体来看，应包括实体形态与虚“体”形态两个部分，而人们在感知空间形态时，对这两方面是有所区别的。实体形态的视觉表象是静态的；而虚“体”形态的视觉表象则是动态，含有时间因素，而且注意的性质也不同。对实体形态，人们感知的是它的外部；对虚“体”形态，人们的感知产生在实体之间。因此，室内空间的形态要素不光有实体的“点”、“线”、“面”、“体”，还包含了“虚的点”、“虚的线”、“虚的面”，而“虚的体”便就是一种特殊形式的空间了。所谓“虚”，是指一种心理上的存在，它可能是不可见的，但它可以由实的形所暗示或由关系感知。这种感觉有时是清楚明显的，有时是模糊含混的，它表明了结构及部分之间的关系，而这正是我们分析空间的一个着眼点。因为这是把握形的主要特征的一种提示性的要素，也是室内空间视觉语言中的另一些重要语汇。

因此，从空间限定的概念出发，室内空间设计的实际意义，就是研究室内环境中静态实体、动态虚形以及它们之间关系的统一问题。可见，对于空间形态的艺术创造，我们必须从实体形态要素出发，以便对虚“体”形态要素进行关照，两方面均不能偏颇。这也是在室内空间设计方法中研究形式和空间的重要环节。

### 3.1.1　实体形态的创造及与之相关要素

实体形态占据三维空间，并具有体的性质。人们对世间的一切，首先要从视觉方面来感受，对某种形状或色彩产生一种观赏效应，形状本身也因视觉而获得形象，这就是实体形态创造的基本思路。

如果将实体的形分解，可以得到下列基本构成要素，即点、线、面和体。它们在造型设计中具有普遍性的意义，在室内空间设计的实体中，主要表现为客观存在的限定要素，地面、墙面、顶棚就是这些实在的限定要素，就像是一个形状不同的空盒子，我们把这些限定空间的要素称为界面，界面的形状、比例、尺度和样式的变化，造就了室内空间的功能和风格，使之呈现出不同的氛围。

对于室内诸实体，把它们看成点、线、面或体不是由固定、绝对的大小尺度来确定的，因为在感觉上是取决于一定视野、一定的观察位置、它们本身比例和与周围其他物体的比例关系以及它们在造型中所起的作用等许多因素所决定的，都是相对而言的。一般地说，点因其体量小而以位置为主要特征；线是以长度、方向为主要特征；面不仅具有长度，还有相当的宽度；而体则以其体量大小为主要特征。它们在室内空间中各有各的独特表情，从而形成在空间形态中各自不同的作用和视觉效果。

1. 点

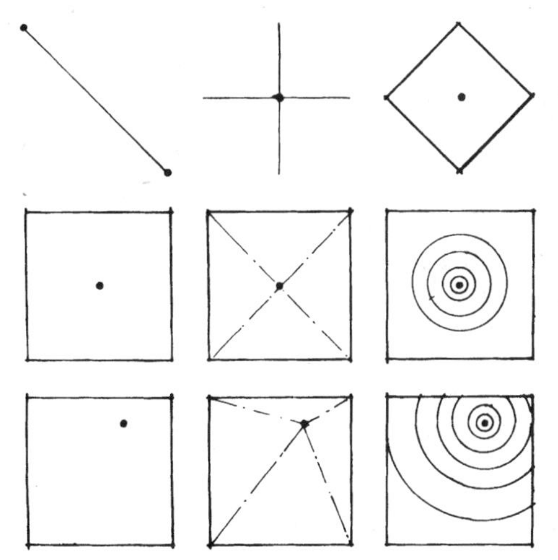

尽管从概念上讲，一个点没有体型或形状，但在室内空间中，点是处处可见的。较小的形都可以称作是点，它可起到在空间中标明位置或使人的视线形成集中注视的作用，因而它是静态的、无方向的。像墙面的交汇处，扶手的终端，小的装饰物等都可视为点。只要相对于它所处的空间来说是够小，而且是以位置为主要特征的，都可看作点。例如一幅小装饰画，对于一面墙，或一件家具，对于一个房间，都可完全作为视觉上的点来看待，尽管点相对很小，但它在室内空间中常可起到以小压多的作用。比如大教堂中的圣坛与空间相比尺度很小，但它却是视觉与心理的中心。形状与背景有明显反差的，或者色彩突出的点，特别是动的点更能引人注目。贝聿铭设计的华盛顿东馆大厅里著名的动雕，之所以引人注目，不仅因其形状奇特，色彩亮丽，而且还随着气流缓缓移动，使得它必然成为空间中的视觉中心。

有时一个点太小，不足以成为视觉重点时，可以用多个点组合成群，以加强份量，平衡视觉。点可以有规律地排列，形成线或面的感觉；也可以自由形式，形成一个区域；或按照某种几何关系排列以形成某种造型。

2. 线

一个点可以延伸成一条线，它能够在视觉上表现出方向、运动和生长。尽管从概念上讲一条线只有一个量度，但它必须有一定的粗细才能成为可见的。之所以被当成一条线，就是因为线的长度远远超过它的宽度，否则线太宽或太短都会引起面或点的感觉，那么线的性格特征就不明显了。

线的种类很多，有直有曲，直线中分为垂直、水平和各种角度的斜线；曲线的种类更多，可分为几何形、有机形与自由形三种。线与线相接又会产生更复杂的线型，如折线是直线的接合，波形线是弧线的接合等。

在室内空间中，作为线出现的视觉现象是很多的。有些线是刻意被强调出来的，例如作为装饰的线脚，结构的线条等等。当然也有些是有意隐蔽起来的，如被

顶部的灯饰在空间中成为点要素

吊顶遮挡的梁柱、设备的管线等。

在现代室内空间中，最常见的线无疑是垂直线和水平线了。一条垂直线，可以表现一种竖向的或者人的平衡状态，或者标出空间中的位置。一个特定的点，如作为垂直线要素的柱子或装饰灯柱等，有时可以用来限定通透的空间。垂直线给人的感觉一般说是向上、崇高、坚韧、理智等；水平线则是稳定、舒缓、安静、平和等；斜线给人的感觉则是不安定和动势，而且多变化，因此它是视觉上呈动感的活跃因素。

直线与曲线相比，其表情是比较单纯而明确的。在室内空间构成上，直线的造型一般给人带来规整简洁、富有现代气息，但由于过于简单规整又会使人感到缺乏人情味。当然，同是直线造型，由于线的本身的比例、总体安排、材质、色彩等的不同仍会有很大差异。在尺度较小的情况下，线条可以清楚地表明面和体的轮廓和表面，这些线条可以是在装饰材料之中或之间的结合处，或者是门窗周围的装饰套；或者是梁柱的结构网络。这些线式要素如何达到表面质感的效果，这要看它们的视觉份量、方向和间隔距离。粗短的线条比较强而有力，细长的线条则显得较为纤弱细腻，给人带来的感觉差异是显而易见的。

顶部的构架和垂直的柱子成为空间的线要素

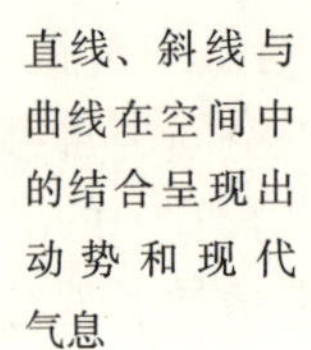

直线、斜线与曲线在空间中的结合呈现出动势和现代气息

直线与曲线在空间中的结合

螺旋线、斜线与窗洞的点共同带来形式的美感

圆形的线与直线融为一体，打破了直线带来的生硬感觉

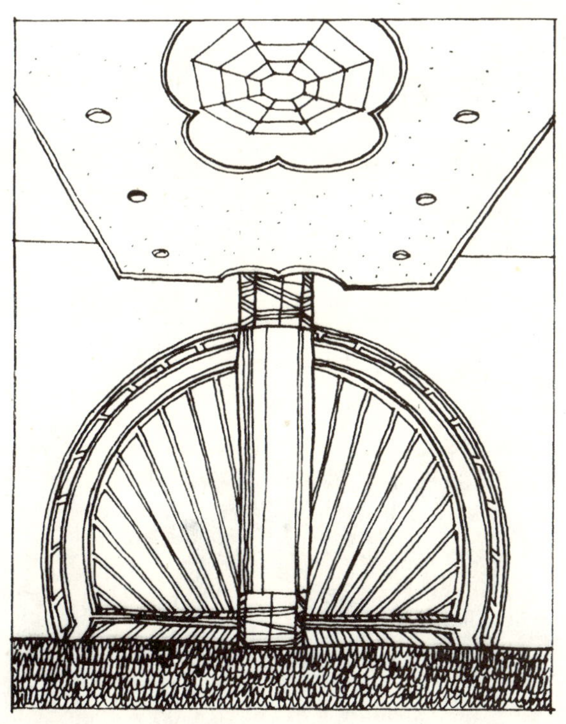

线与面的结合具有很强的装饰意味

曲线常给人带来与直线不同的各种联想。抛物线流畅悦目，富有速度感；螺旋线又具有升腾感和生长感；圆弧线规整、稳定，有向心的力量感。

一般来说，在室内空间中，曲线总是显得比直线更富有变化，更丰富和复杂。特别是当代人们长久地生活在充满直线条的室内环境中，如果有曲线来打破这种呆板的感觉，会使室内环境更具有亲切感和人性魅力。即使没有条件创造曲面空间，仅通过曲线家具造型、曲线的墙面装饰、曲线的绿化水体等也都能不同程度地为室内环境带来变化。当然，曲线的运用要适可而止，恰到好处，繁简得当，否则会使人感到杂乱无序，有矫揉造作之媚态。洛可可装饰风格可算得上是个典型。

不同样式的线以及不同的组合方式有时还可具有地域风格、时代气息或人(设计师或使用者)的性格特征。

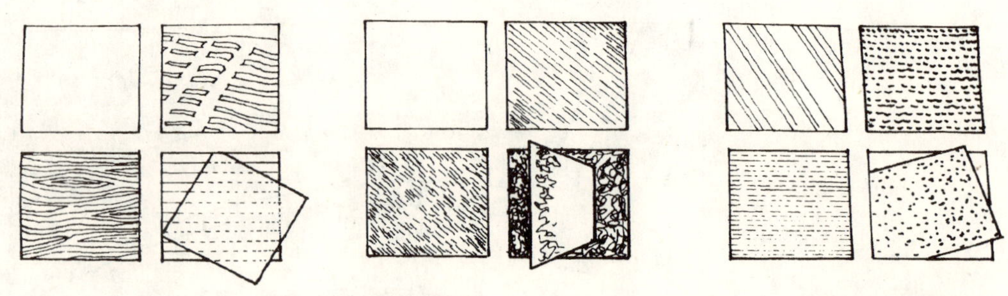

平面的不同表面特性

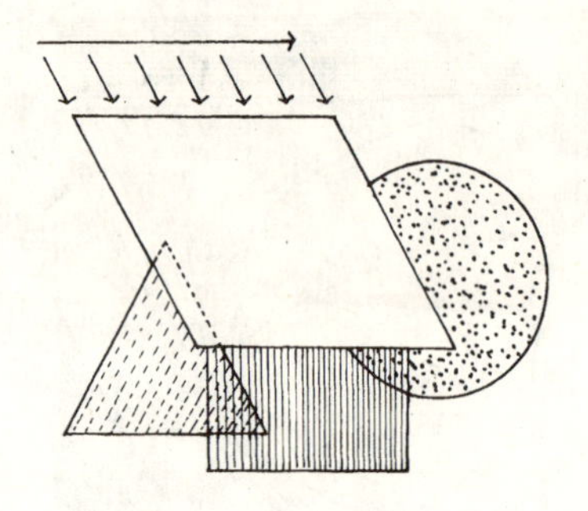

形状是面的主导因素

3. 面

面是线运动的轨迹。面也可以由扩大点或增加线的宽度来形成，还可被看成是体或空间的界面，起到限定体积或空间界限的作用。因为作为视知觉艺术的室内空间设计，是专门处理形式和空间的三度问题，所以面在设计语汇中便成为一个关键要素。

点或线的密集排列可以产生面的视觉效果。象列柱，除了起结构支撑作用之外，还可以清楚地表示内部空间地带的轮廓，同时又能使空间很容易地与相邻空间渗透、穿插。因此面的表情主要由这一面内所包含线的表情以及其轮廓线的表情所决定。一个面的表面属性，它的色彩和质感将影响到它视觉上的重量感和稳定感。

室内的面，限定形式和空间的三维特征，每个面的属性(尺寸、形状、色彩、质感)，以及它们之间的空间关系，将最终决定这些面限定的形式所具有的视觉特征以及它们所围合的空间的质量。

在室内空间设计中，最常见的面莫过于顶面、墙面和基面。顶面可以是房顶面，这是建筑对气候因素的首要保护条件，也可以是吊顶面，这是室内空间中的遮蔽或装饰构件；墙面则是视觉上限定空间和围合空间的最积极的要素。当然它可实可虚，或虚实结合；面对于空间形式提供有形的支承和视觉上的基面，以支持人们在室内活动。可见，它们特有的视觉特性和它们在空间中的相互关系决定了它们界定的空间的形式与性质，在这些空间中，各种家具和其他各类的室内设计部件也可以看成是由面所组成。

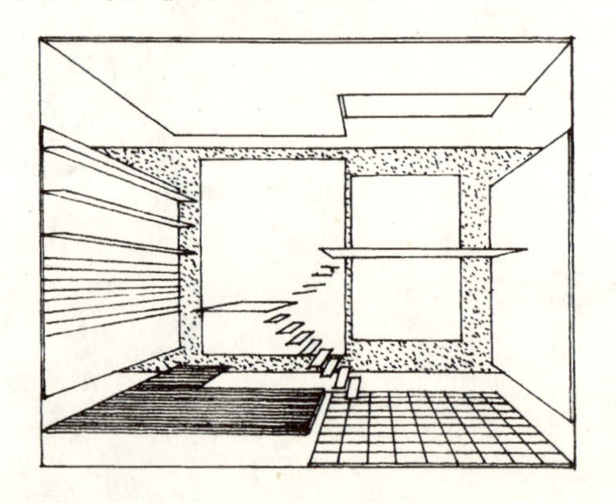

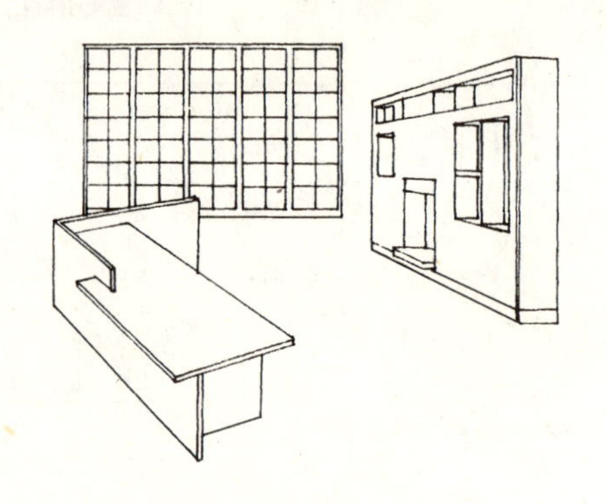

在室内空间中，直面最为常见，绝大部分的地面、墙面、家具等造型都是以直面为主的。尽管作为单独的直面其表情显得较为呆板、生硬、平淡无奇，但经过很好地组合安排后也会产生活泼生动的综合效果。另外，折面也可看成是一种组织过的直面，象楼梯踏步便是一例。

斜面可为规整的空间带来变化。在视线以上的斜面使空间显得比同样高度的方形空间低矮而使人亲近，同时也带来空间的透视感，引人视线向上。在视线以下的斜面常常具有功能上较强的引导性，如斜的坡道等。这些斜面具有一定动势，使空间不至于呆滞而变得富有流动性。

在室内，曲面同样也很常见。它可以是水平方向的(如贯通整个空间的拱形顶)；也可以是垂直方向的(如悬挂着的帷幕、窗帘等)，它们常常与曲线联系在一起共同为空间带来变化，作为限定或分割空间的曲面比直面限定性更强。曲面内侧的区域感较为明显，人可以有较强的安定感和私密性；而在曲面外侧的人会更多地感到它对空间和视线的导向性。通常曲面的表情更多的是流畅舒展，富有弹性和活力，为空间带来流动性和明显的方向性，引导人的视线与行为。

作为室内空间面的地板面，是空间中一个重要的设计要素。它的形式、色彩、图案以及材质等将决定它把空间的界线限定到何种程度。同时地板面也起到视觉背景的作用，以衬托在空间中可以看到的其他要素。当然，地板面也是可以处理的，可以把它做成台阶或平台，以把空间的尺度分成适合于人们的量度；也可以将它局部抬高或下沉，以显示一个较强的领域。这方面的例子不胜枚举。

垂直墙面也是面要素的主要方面，它的一个重要用途就是作为承重墙结构体系中的支持要素。当把垂直墙面安排成平行的系列去支持顶面时，承重墙就限定出线形的开口空间来，并带有强烈的方向性。当然，垂直墙在室内空间中不一定非起承重作用不可，有时通过轻型隔断墙可以更灵活地分隔空

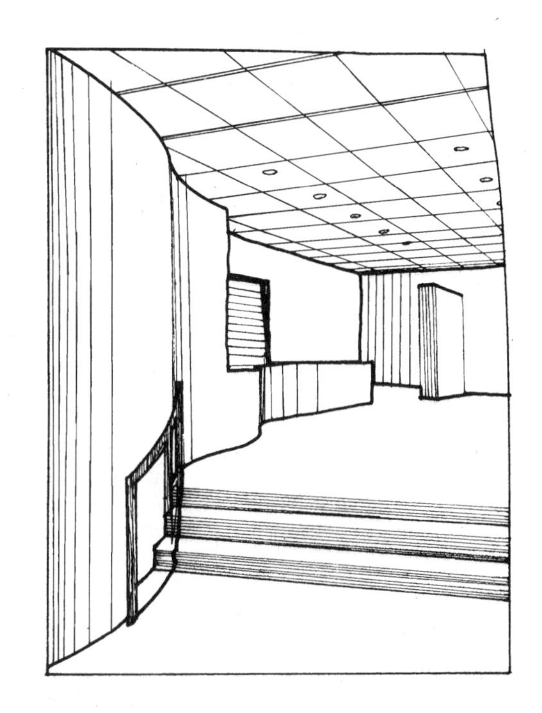

曲面对空间带有明显的导向性

间，反而不受什么太多约束。

作为一个设计要素，墙面可以和地板面或顶棚面共同发挥作用。或者被设计成一个孤立的面，它可以给空间中的其他要素当作中性的背景，或者使墙面成为视觉上的一个活跃因素。墙面可以是封闭的，也可以是透明的，使之成为与外界空间联系的媒介。

人在室内空间的活动，通常与地板面和墙面从距离感来看比较密切，而顶棚距离常常显得相对较远，有点可望而不可及的感觉，几乎成为了空间中纯视觉的要素。它可以和建筑的形式相呼应或者直接展现出它的结构，也可以“另起炉灶”，重新吊顶，创造一种全新的顶棚造型。

作为一种全新的顶棚形式，可以设计成象征天穹的曲面；可以升起或下降以改变空间的尺度，或者去限定空间中局部区域，也可以形成控制空间中的光线或音响质量，还可以处理成对空间影响很小或者没有什么影响的形式，或者成为空间的主要统一的整体要素。

4. 体

面的平移或线的旋转的轨迹，就形成了三维的有实感的体。体不是靠一个角度的外轮廓线所表现的，而是由从不同角度

看到的不同视觉印象叠加而得的综合感觉的总和。对体的观察一定要融入时间因素，否则容易以偏概全。

形式是体的基本的可以辨认的特征，它是由面的形状和面之间的相互关系所决定的。这些面表示着体的界限，作为室内空间设计语汇中的三维要素之一，体可以是实体(由体的部分占据空间)，也可以是虚空，即由面所包容或围合的空间(虚的体后面另述)，实的实体和空的虚体，这种双重物代表着室内空间设计所形成的现实中，对立的统一，体型能给空间以尺寸、大小、尺度关系、颜色和质地，而同时空间也映衬着各种体型，这种体型与空间之间的共生关系可以通过空间设计中比例、尺度的层次去感知。

体可以是规则的几何形体，也可能是不规则的自由形体。在室内空间中，体大都是较为规则的几何形体以及简单形体的组合。可以看作是体的室内构成物，主要有结构构件、构造节点、家具、雕塑、墙面凸出部分以及陈设品等等。当然这是相对的，如空间尺度很大，上述因素就可能变成线或点了。但不管怎样，如它占据了很多“虚的体”即空间，那么体的感觉就很明显了。

“体”常常与“量”、“块”等概念相联系，体的重量感与其造型，各部分之间的比例、尺度、材质甚至色彩有关，例如同是粗大的柱子，表面贴石材或者包上镜面不锈钢板，重量感会大不相同。同时，体表面的装饰处理也会使视觉效果得到一定程度的改变。如果在柱子表面作些垂直划分，改变其柱身比例，其视觉效果就会显得轻盈纤秀，也不感觉粗笨了。具有重量

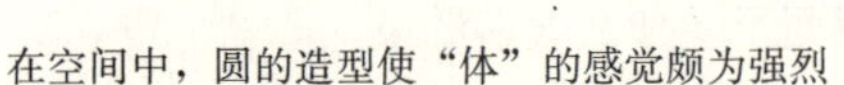
在空间中，圆的造型使“体”的感觉颇为强烈

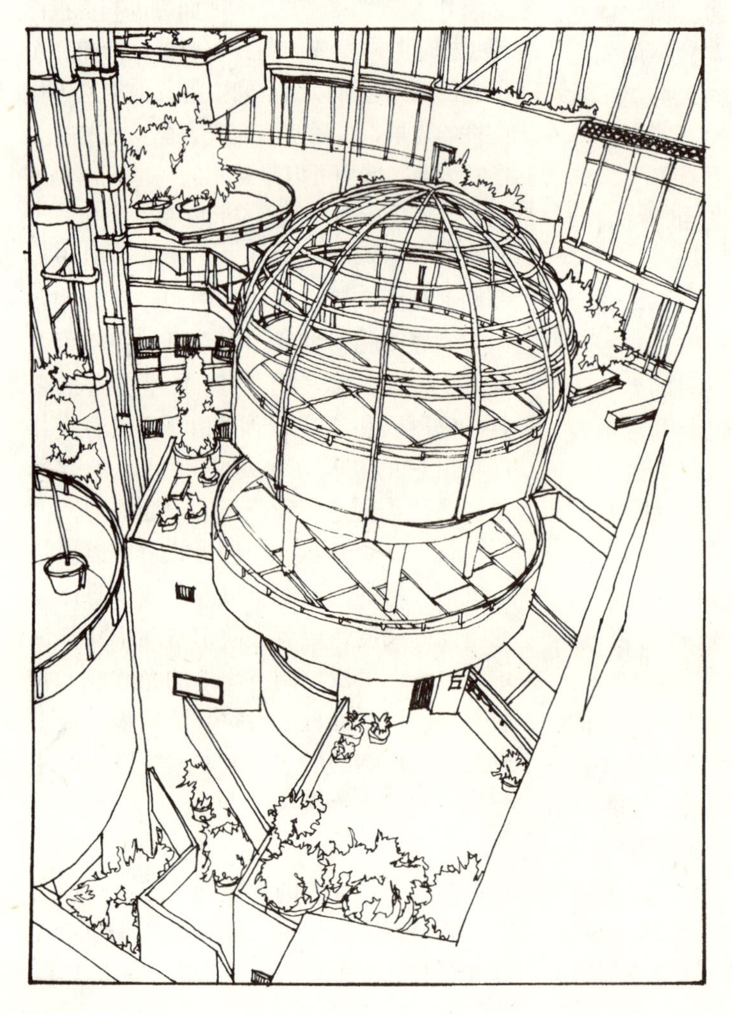

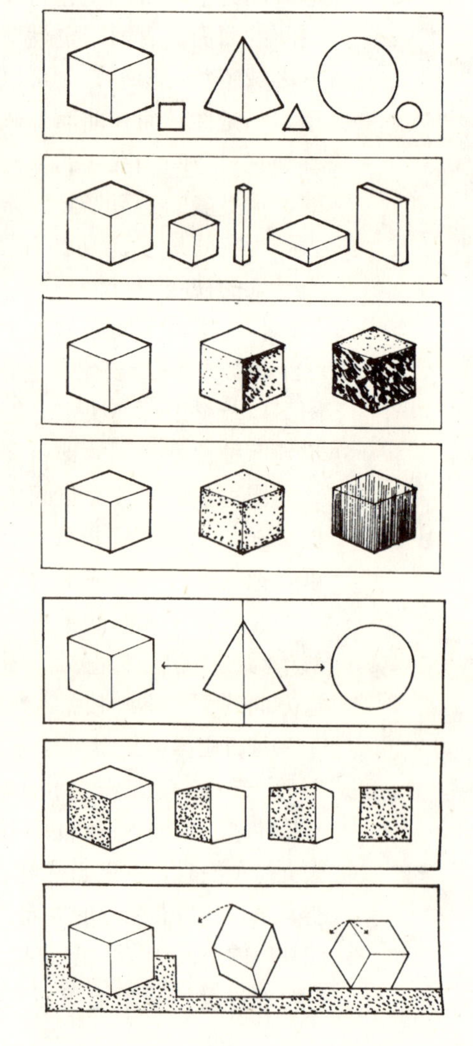

感的体能使其周围的空间也具有稳定、坚实的气质；由巨大的实体构件所构成的空间一般是静态而沉重的。

体有很多组合与排列方式，基本上与前面提到的点的排列与组合类型相似，如成组、对称、堆积等等。有时一个体(或多个体组合)的某一个面作为视觉观察的主要面，其他方向不易看到，在分析造型的视觉效果时也可把它们看成是面要素，当然，这要视具体情况而定。

与单纯的体与体之间组合相比，在室内更多的是体同时与线、面组合在一起的造型，但一般仍把这一综合要素看作是一个“体”。因为从视觉与心理效果来看，体的份量足以压倒线、面而成为主导。另外，对于视觉，有些体也未必真是实体(如家具，尤其像椅子之类)，尽管有虚空部分，但在室内造型中仍是起着“体”的作用。

另外，还有一些影响到实体形态创造的其他因素，诸如形状、尺寸、方位、采光、质感及色彩等等也归于它们形式的视觉属性。

5. 形状

形状是形式的主要可辩认特证，是一种形式的表面的外轮廓或一个体的轮廓的特定造型，也是我们用以区别一种形态不同于另一种形态的根本手段。它参照一条线的边缘、一个面的外轮廓或是一个三维立体的边界而形成。在每种情况下，形状都是由线或面的特有外形所确定的，这个外形将它从背景或周围空间中分离出来。因此，对于形状的感知，要靠形式与背景之间视觉对比的程度来进行。在室内空间中，一般涉及到的形状有：围起空间的界面(墙、地、顶)、构件、家具、色彩、绿化、水体、雕塑、灯光(灯具)及陈设等。

形状可分为自然形、非具象形和几何形三大类。

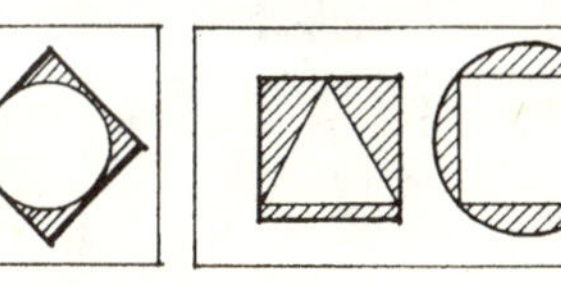


(1) 自然形

它表现了自然界中的各种形象和体型，这些形状可以被加以抽象化(如用女人人体曲线)，但仍保留着它们天然来源的根本特点。

(2) 非具象形

不去模仿特定的物体，也没有去参照某个特定的主题，有些非具象形是按照某一程式化演变出来的，诸如书法或符号，携带着某种象征性的含意，还有其他的非具象形是基于它们的纯视觉的几何性和诱发而生成。

(3) 几何形

它几乎主宰了室内空间设计的环境形成。几何形中有两种截然不同的类型——直线型和曲线型，它们最规整的形态，曲线中是圆形，直线中则包括了多边形系列。在所有形态中，最被人容易记住的要算是圆形、正方形和三角形，反映到三维中，就出现了球体、圆柱体、立方体等。

圆是一种紧凑而内向的形状，这种内向是对着自己圆心自行聚焦，它表现了形状的一致性、连续性和构成的严谨性。

圆的形状通常在周围环境中是稳定的，且自成中心。然而当与其他线形或其它形状协同时，圆可能显出分离趋势。

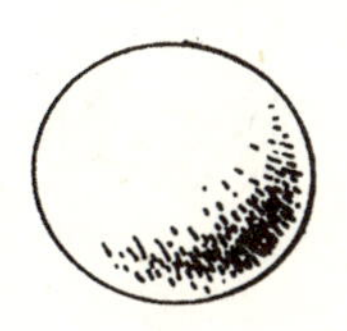
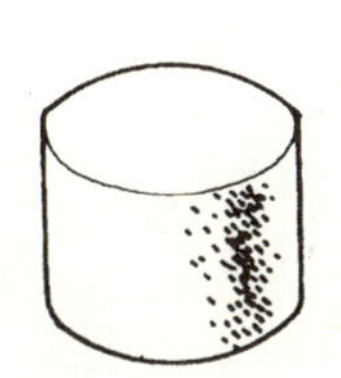
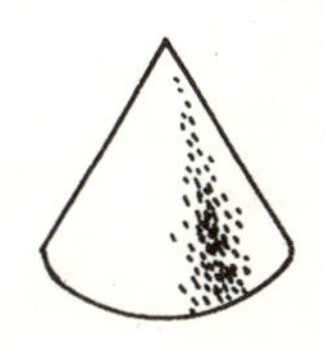
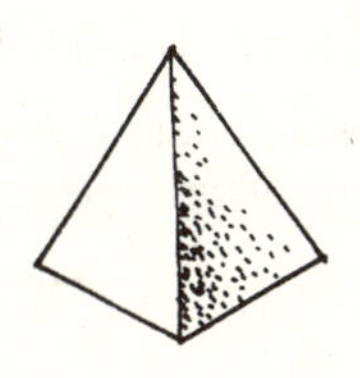
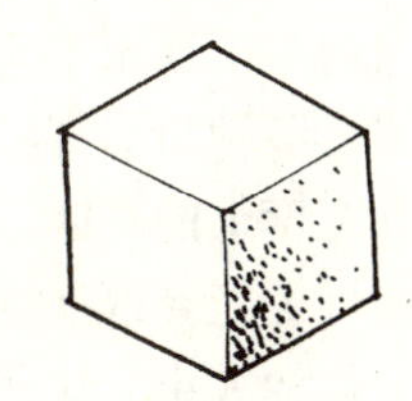

曲线形都可以被看作是圆形的片断或圆形的组合，无论是有规律的或是无规律的曲线形，都有能力去表现柔和的形态、动作的流畅以及自然生长的特性。

三角形表现稳定，因而三角形的这种形状和图案通常被用在结构体系中，三角形在形状上具有一定的能动性，这取决于它的三个边的角度关系，由于它的三个角是可变的，三角形比正方形或长方形更易灵活多变。此外，三角形也可以组合，以形成方形、矩形以及其他各种多边形。

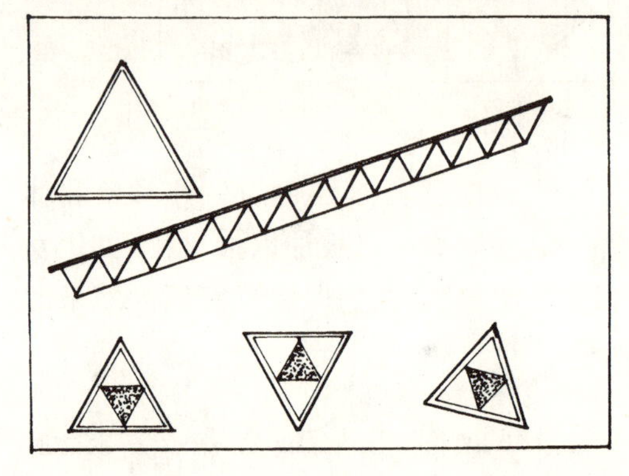

三角形及其组合

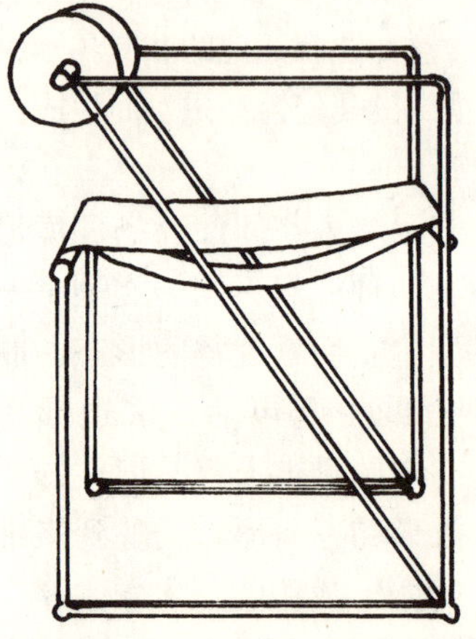

椅子的斜线支撑，就有了三角形的感觉

正方形表现出纯正与理性，它的四个等边和四个直角使正方形显现出规整和视觉上的准确与清晰性。

正方形并不暗示也不具有方向性，它与三角形一样，当它放置在某一边上时，是一个平稳而安定的圆形，但当它立在自己的一个顶角上时，则转向成为动态的。

各种矩形都可被看成是正方形在长度和宽度上的变体，尽管矩形的清晰性与稳定性可能导致视觉的单调，但借助于改变它们的大小、比例、色泽、质地、布局方式和方位，则可取得各种变化。在室内空间设计中，矩形是最规范的形状，这点大家是有目共睹的。

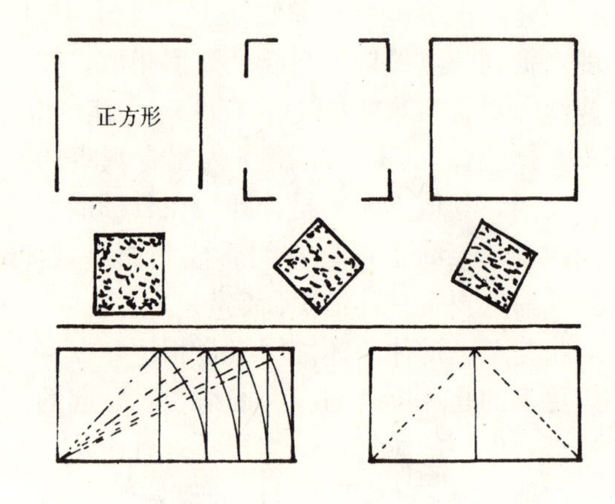


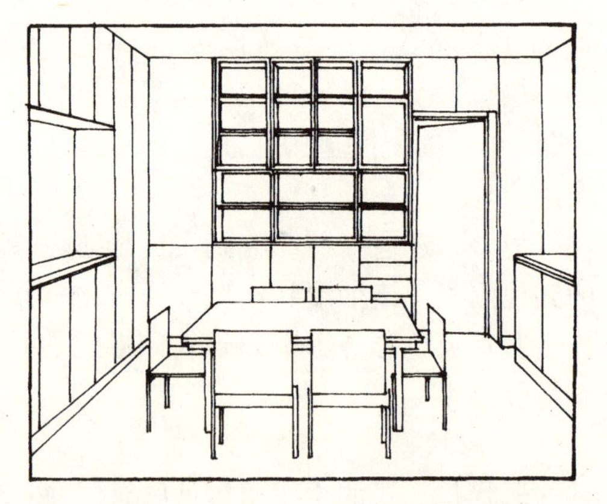

在实际运用过程中，各种形状可以独立存在，也可以相互组合，以生成另外一种新的形状，如方和圆、叠加或旋转都会演化出新的图像。

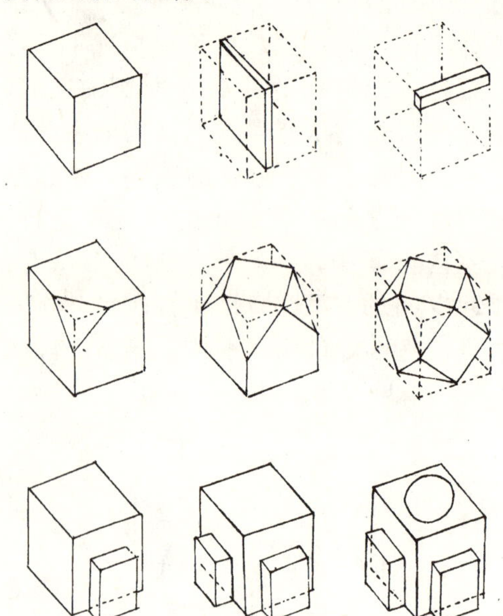

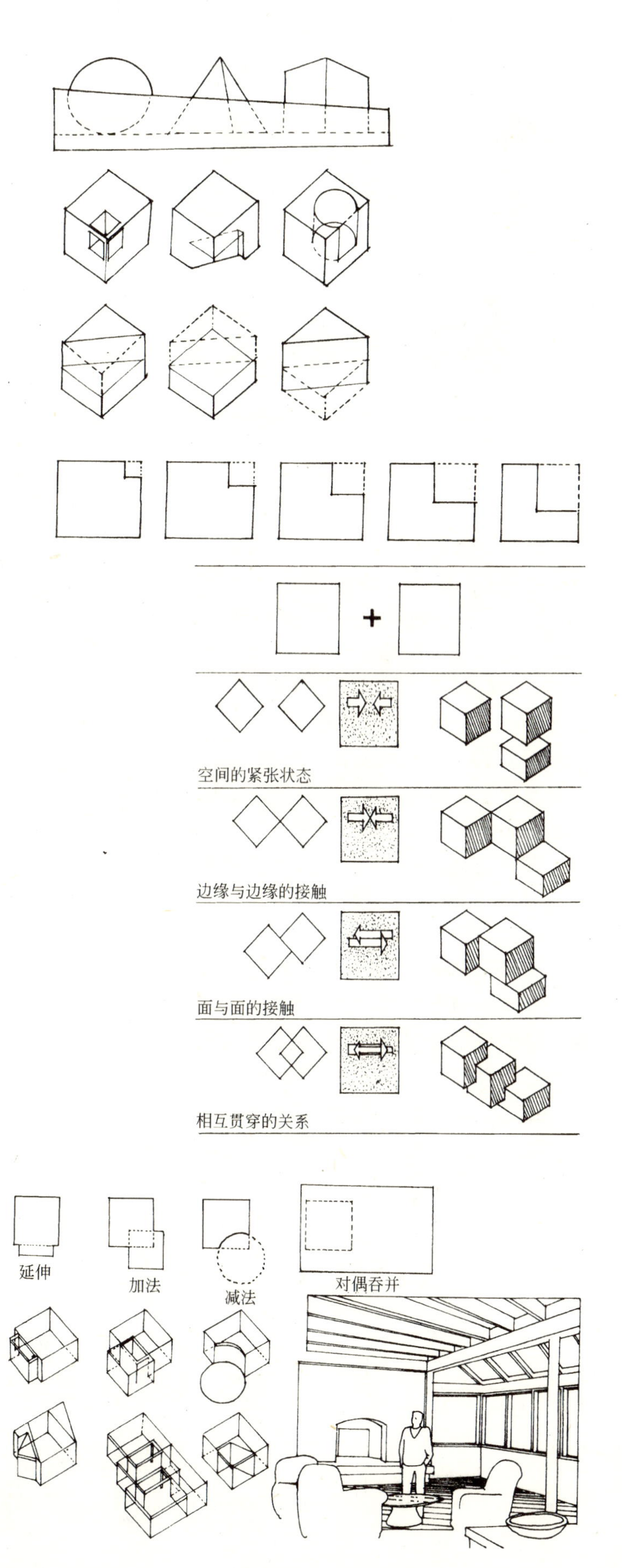


6. 尺寸

尺寸是形式的实际量度，是它的长宽和深，这些量度确定形式的比例，它的尺度则是由它的尺寸与周围其他形式的关系所决定的，尺度的变化取决于量度的变化，或者是由于要素的减少或增加而产生的。

一种形式，可以用改变一个或多个量度的方法来进行变化，同时能保持着本体的本性。比如一个立方体，可以变化其高度、宽度或长度，使其变形成为其他的棱柱形式，也可以被压缩成一个面的形式，或者拉伸形成线的形式，有时甚至可以通过削减式和增加式的变化以改变形式的整体量度，使这种形式原来的本性变得模糊起来。如削减式变化，就是可以用削减形式的部分体积的方法来进行变化，根据不同的削减程度、形式可以保持它原来的本性，或者变化成为其他种类的形式，这时它的尺寸(或称量度)也就随之发生变化，而增加式变化则是通过增加其形式要素的方式，来决定是保持还是改变它原来的形式，这些都与形式的尺寸、量度密切相关。

7. 方位

简而言之，就是形式与它的环境以及与人的观察视域有关的位置，形式方位的确定，对于室内空间的整体格局以及空间的分隔、组织与联系都有着很大影响。

当一个物体(如家具或雕塑等)在室内空间中处于区域或空间的中央时，它是稳固而安定的，容易引起人们的视觉注意，并且能将周围其他要素组织起来，而当它由中央被挪开时，它仍保留着这种独立的性质，但却具有动态效果，使空间变得富有变化、灵活。当然物体也可以在空间的垂直方向上进行变化，以产生不同的视觉效果和心理感受。

8. 采光

光是室内空间活力的主要来源，没有光照就看不见形状、色彩、质地，也无法看见任何视觉上的空间围护面。因此，采光设计的首要功能就是要照亮室内的空间和种种形态，并且让人方便、舒适地进行各项活动。

特定的采光可以用不同发光体的组合来实现，选用何种发光体，以及如何布置，不仅要根据可见度的需要，还要根据采光空间的性质和使用者活动性质的需要。

采光一般分为自然采光和人工采光。采光设计应着眼于光照的强度，也应着眼于光照的质量，因为光影的虚实、形状、色彩以及光线的强弱、明暗对室内环境气氛的创造起着举足轻重的作用。自然采光和人工采光有着不同的物理特性和视觉形象，不同的采光方式导致不同的采光效果和光照质量，在采光与照明设计中，自然采光受开窗形式和位置的制约，人工照明受电气系统及灯具配光形式的制约。因此，发光体的布局及其光照图形应该和室内空间的使用要求协同考虑。由于我们的眼睛总是在寻找最亮的物体和最强的明暗对比，所以这种协同考虑在采光布置设计中显得尤为重要。

出于对采光设计中视觉构图的考虑，光源可以看成是点状的、线状的、平面的或立体的。如果光源被遮挡而不能看到，那么对光线的形态和被照表面的形状均应加以考虑。无论光源的布置图案是规则的还是变化的，采光设计在构图上都应该取得均衡，应该提供恰当的节奏感，而且在关键部位突出考虑。

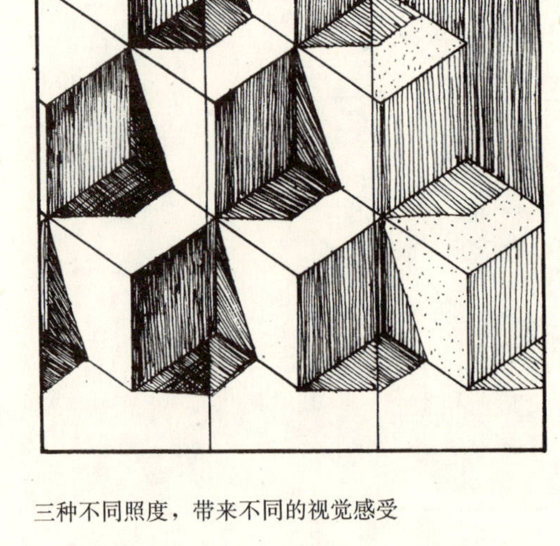

三种不同照度，带来不同的视觉感受

照亮一个空间可以有三种方法：均匀的、局部的和重点的。均匀式照明是以一种均匀普遍的方式去照亮空间，这种照明的分散性可有效地降低空间环境表面之间的对比度，可以用来减弱阴影，使空间转角处变得柔和自然；局部照明是为了某种特定活动而去照亮空间的特定区域，光源通常被置放在区域的上方、侧面或附近，有时也常把局部与均匀两种照明方式结合起来使用，使空间整体中有变化，虚实相间，富有层次。重点照明实际上是局部照明的一种特定形式，它产生各种聚焦点以及明暗之间的韵律图形（在此，阴影也成为一种视觉图形），以替代那种单纯仅仅为了照亮的原始功效。重点照明可用于缓解普通照明的单调和平淡，突出了空间的特色和审美趣味。

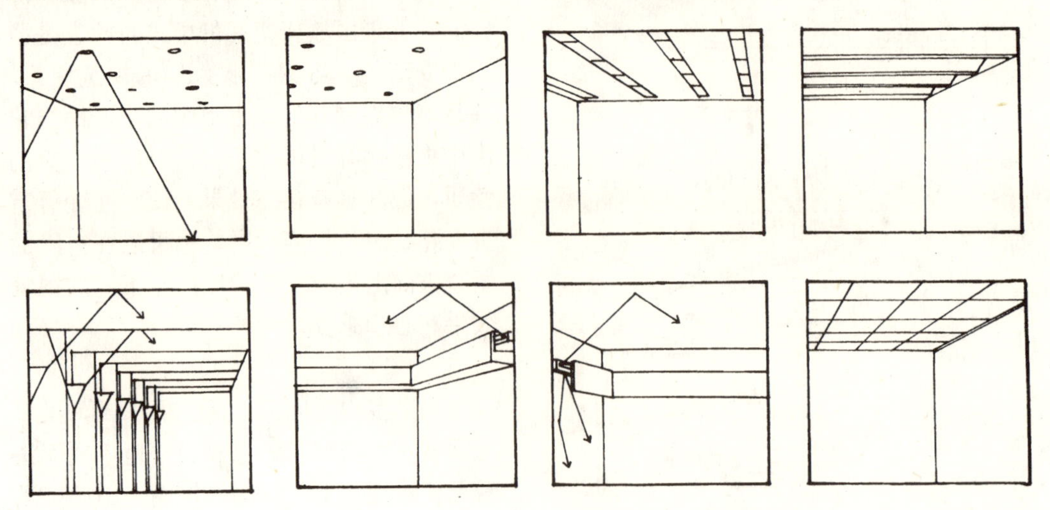

各种不同的照明方式

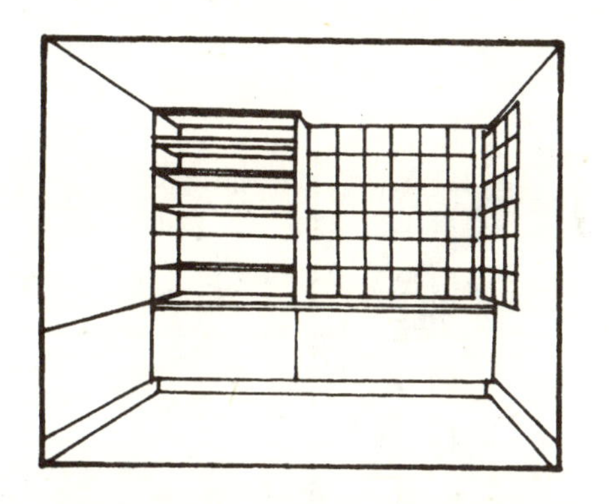

无质感的

有质感的

空间中充满肌理

对比的纹理

9. 质感

实体由材料组成，这就带来质感的问题。所谓质感，即材料表面组织构造所产生的视觉感受，最常用来形容实体表面的相对粗糙和平滑程度，它也可用来形容实体表面的特殊品质，如石材的粗糙面、木材的纹理等。不同的质感，有助于实体的形表达其不同的表情。

每种材料的质感都存在两种基本类型，即触觉和视觉。触觉质感是真实的，在触摸时可以感觉出来；视觉质感是眼睛看到的，所有的触觉质感也给人们视觉质感；但另一方面，视觉质感可以是一种错觉，但也可以是真实的。人的视觉和触觉，是紧密交织在一起的，当我们的眼睛识别出表面的视觉质感时，一般不需要触

空间中不同质感的组合，带来的是自然和人性的高度统一

顶棚的质地与下部相互呼应，细腻而又含蓄、质朴

摸就可感觉出它外表的触感品质，这种表面质地的品质，是基于人们过去对相似材料的回忆联想而得出的反应，如地毯是温暖舒适的，而光洁的水泥表面则令人感到生硬而无人情味，金属材料令人感到有现代感、坚固而沉重，但与目前常用的镜面不锈钢的表情又完全不同，可见形式与材料之间是有着密切关系的，有时完全相同的造型，材料不同时会产生完全不同的效果，甚至尺度大小，视距远近和光照，在我们对材料的质感上，都是重要的影响因素。

一切材料在一定程度上都有一种质感，而材料的肌理越细，其表面呈现的效果就越平滑光洁，甚至很粗的质地。在远处看去，也会呈现某种相对的平整效果，只有在近看时才可能暴露出质地粗糙程度。因此在选用材料时，空间中有些位置没必要非得用高档豪华材料，相反一些普通而又适宜的材料反而会显得恰如其分，相得益彰。将局部的所谓高档材料托出来，也就是说在设计时除要考虑材料本身的特性，又要考虑组合效果；除了考虑人在空间中的活动特点，又要考虑材料的经济、施工等实际问题，总之要统筹兼顾。

质地是材料的一种固有本性，如何组织它们，这与色彩和光照同样有一定关系，它必须与考虑中的空间性格和用途相吻合。

质地的图案尺度应与空间尺度以及其中的主要块面尺度相联系，也要和空间里面的一些中小体量的物体相关联，因为质感在视觉上总是趋向于充满空间，所以一般小空间使用任何一种材料时，其质感、肌理都必须是微妙而有所节制的，在大空间里，材料的运用就可以相对广泛一些。可见，对于材料的质感的组织，也是室内空间与形式设计成功与否的一个重要环节。

10. 色彩

色彩和形状、质地一样是各式各样形态的视觉根本性质。我们被包围在环境所配置的缤纷色彩中，色彩的来源归因于光，光是根源，它照亮了形态和空间，没有光，色彩也不复存在。

色彩有三种属性，即色相、明度和纯度。

- 色相　色相的固有属性，帮助我们辨认某种颜色，如红色、黄色或绿色。
- 明度　色彩的明暗程度，黑与白是明度的两个极端。
- 纯度　色彩的纯净程度或饱和程度。

所有色彩的属性都肯定是相互关联

的，实体色彩上的明显变化，可以由光照效果产生，还可以由环境色及背景色的并列效果产生。这些因素对室内空间设计尤为重要，不但要考虑到室内空间中各部件之间的相互作用，还要考虑这些色彩如何在光照下的相互关系。

虽然我们每个人都会有自己偏爱的颜色，也有其他不喜欢的颜色，但颜色本身并无好看不好看之分。颜色运用得恰当与否首先取决于对其使用的方式与场合以及是否适合于色彩方案中的配色。

色相的色彩方案可分两大类：即调和的与对比的。调和的色相是以某种单色或一类似色相为基础，显得和谐而统一，其间的变化，可以通过明度和纯度的变化而取得。可包括少量的其他色相作为点缀，或加以外观形态和肌理的变化，这样的空间色调是非常统一的。

对比的色相总包含着冷暖色相。故而有着重而丰富的变化，在为室内空间制定色彩方案时，必须认真考虑将要设定的色彩、基调以及色块的分布，不仅要满足空间的目的和应用，还应顾及室内空间的性格，和个性的张扬，这样才不致于流于一般化、概念化。

### 3.1.2 实体形态诸要素的组合关系及对空间的影响

在任何一个室内空间中，这些形态的实体要素总是要综合起来共同作用的，它们之间的组合方式是多种多样的，但设计时总要循着一定的形式美法则，否则可能会产生不佳的视觉效果和空间感觉。以一个居室为例来说明，墙上布置一组照片或画幅，这是面要素的组合，它们之间要有一定的对应关系，看上去才感觉舒服；一

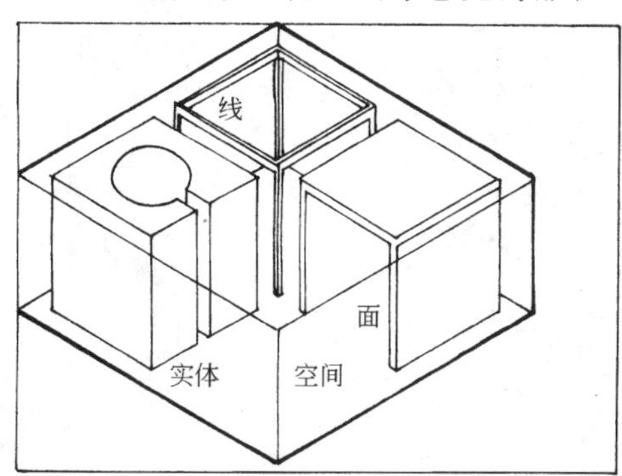


组沙发茶几或其他家具的安排，这是体或面的组合，当然既要适用又要好看，它们在大小、比例、相互位置，光色配置，材质搭配等方面还要有一定的最佳组合，才能得到统一和谐的整体效果。

这些实体要素构成了空间界面，为空间限定出形状；实体要素之间的关系、尺度、比例等决定了空间的尺度、比例及基本形态；实体要素的表情还部分决定了空间的性格和气氛(如材质、色彩、形状、及样式等)。谈到这里，大家会问，为什么实体的形能对空间气氛产生影响呢？因为每一实体都具有内在的力感，其合力是平衡的，如果我们将其分解，一般可分为向内凝聚的内向力和向外扩张的外向力。它们二者统一在一个形之中，就像一个矛盾的两方面一样，也是一个对立统一体。向心的倾向给人们造成视觉上的重量感，向外的力影响并支配着周围区域内的环境形成自己的“场”，每一实体周围的力场属于它自己支配的范围，当其他的物体与它的距离逐渐接近时，二者的力场就会发生关系，这种关系也许是相互对峙的，但也许是相互协调的，象刚才举过的例子，墙上的照片或画幅之所以看上去舒服，也正是因为它们之间的位置关系安排得当，相互之间没有干扰，而是统一在形式美的规则之中。再比如桌子上的一组小陈设物件，当你调换其位置或改变其疏密关系时，有可能显得或局促、或空旷，也可能感到恰到好处，十分得体。这是小的实体，对人的心理影响还较小，而实体越大，力场范围也就相对更大，其相互之间的影响也就越大，对人的心理感受也就越强烈。我常举这个例子，假如同学们在教室里正上课时，一只老鼠窜了进来，同学中可能有人发现了，尤其是女同学可能还会发出尖叫声，惊恐万分，但有的同学却可能还不知发生了什么事，甚至看见了老鼠，却满不在乎，视若无睹，对于这种现象，一是说明了老鼠毕竟太小，力场太弱，不容易引起人们的注意；二是说明对事物的评价会存在不同的见地，但话又说回来，如果刚

才教室进来的不是老鼠，而是一个庞然大物——一头雄狮，那教室里会发生什么情景，肯定不再是视若无睹吧，恐怕不比“泰坦尼克”号倾覆时的场面好多少！为什么呢？还不是因为那头雄狮体量大、面相凶、会吃人，所以你眼中、心里不可能不装着它，不可能不拿它当回事儿。室内空间实体要素也是如此。古罗马建筑之所以能对人的心理有如此之大的震撼，不能说不与其简单的纪念性造型，巨大的体量、厚重的材料有关，它所影响的力场具有沉稳、凝重的气质；而现代室内空间设计作品、许多是用轻型材料、纤细造型、加上大片玻璃墙面的处理，使得在视感上几乎可以忽视它的存在，也使得实体感、力感、量感随之减弱，因而空间环境显得轻松、明快。

由于这种“力”完全是一种心理感觉，它的大小由实体的审美素质所决定，而审美素质又是由造型方位、重要性、材质、色彩等因素以及人的心理因素等许多方面综合决定的，因而显得相当复杂，一般来说，具有较大的体量，位置比较重要，造型新奇独特，色彩夺目等特点的实体对环境影响及对人的视觉吸引力也较大，但并非绝对化，有时体量较小，造型与色彩也并不很特别的实体也可对人有很大的吸引力，这主要取决于它所处环境中的方位和其内在的品质。

### 3.1.3 虚体形态——空间的创造及相关要素

前面早就提到，室内空间的形态要素不光有实体的“点”、“线”、“面”、“体”，还包含了“虚的点”、“虚的线”、“虚的面”，而“虚的体”便是一种特殊形式的空间了。所谓的“虚”是指一种心理上的存在。它可能是不可见的，但它可以由实的形所暗示或由关系推知，能被感觉到。这种感觉有时是显而易见的，有时是模糊含混的，它表明了结构及部分之间的关系。这是把握形的主要特征的一种提示性要素，也是室内视觉语言中的重要语汇。

1. 虚的点

虚的点可以是几何形空间的几何中心或轴线的相交点，它还可以是由线的方向延伸或灯光投射处所强调的部分。这时，虚的点往往是与实的点重合的，起到加强视觉效果的作用，使之更加引人瞩目，因此这部分往往也成为视觉上的重点。

2. 虚的线

室内空间中虚的线是很多的，它可以说是一个想象中的因素，而不是实际可见的要素。比如轴线，即是由空间中的两个点所建立的规则线条，或曰是各部分之间的关系线(如几何关系、对位关系等)。因此在这条线上，各要素可以做相应安排(如对称等)。另外，光线、影线、明暗交界线等也可以是另外一种类型的虚的线。

轴线在室内空间中非常重要。它能引导人的行为与视线，所以往往与人在室内行动的流线相重合。一个空间可能只有一条明显的轴线，也可能不止一条，甚至几条轴线相互交替变换，形式比较自由。各空间及实体可以在轴线两旁对称，形成严谨规整的格局；也可以不完全对称，但只是通过轴线确定关系或引导方向等。

断开的点之间的关系线也是一种虚的线。由于它的存在，当人看到间断排列的点时会有心理上的连续感。由于虚的线的存在，也就可以在心理上形成一种界限感，也就相对划分出一定区域。在室内，列柱的平面图，就是点的排列——虚的线的形成。由此，空间也有了分隔的感觉。

3. 虚的面

虚的面一般可分为两种：一是由密集的点或线所形成的面的感觉。像一些办公空间常用的百页窗帘，尽管光与视线可以部分穿透，空间可以流动，但分隔感已经相当强烈，并且对人的行为已有了较大了限定作用。我国北方家庭常喜欢用珠子串起当作门帘，就可以看成是由密集的点排列而形成的虚的面。虽然从室内往外看，外面的景致一清二楚，但它的确能使室内的人有一种安定感，在心理上有隔开的感觉，由这样的虚面分隔空间，被分的局部空间有连续感并相互渗透，使之既分又合，隔而不断。

另一种虚的面在视觉上不那么明显，但对于我们剖析问题颇有好处。这种虚的面，是指间断的线或面之间形成的面的感觉，这种感觉也可由延伸面来得到。还是一排列柱，常会给人以面的感觉，它能将

顶部灯饰的点要素形成虚的线

顶部的曲线组合给人以虚面的感觉

空间划分成不同区域。特别是古代一些大型建筑，像教堂、宫殿等，因为空间巨大而又受到结构材料等物质条件的限制，所以常常柱身粗壮而间距较小。有的教堂室内空间，由于密柱成排，常被分为中央主空间和两侧的附属空间，使轴线感、领域感均得到加强。我国的一些寺庙大殿，常有从顶部垂下的一条条织物做成的“幡”。这些“幡”排列在竖向空间中，也构成了虚面。抛开它们本身的宗教意味不讲，单从空间形态的角度来看，它们一方面填补了大部分空间，又从上部划分了大殿的空间区域，使整个大殿空间层次分明，神秘莫测。更使前来朝拜的人们对佛祖有“不见不散”的感觉。

由面的延伸所形成虚的面的感觉，现实中也不乏实例，俯拾皆是，在此就不一一赘述了。

4. 虚的体

虚的体可以说是一种类型的空间，这是循着虚的点、虚的线、虚的面这一思路分析的结果。这种空间有点像体，具有一定的边界和限定，只是这个“体”内部是虚空罢了。室内空间实际上就属于这一范围。打一个简单的比方，它就像一个方盒子或水桶的中间部分，是有边界限制的；与此相反，一个孤立的实体，它周围属于它支配的空间区域，这是“力场”形成的范围，由此造成发散的无边界的空间，这样的空间若没有更大界面的围合，就不能算作是虚的体。实的实体和空的虚体，这种双重物，代表着室内空间中对立物的统一。空间设计也就是把二者通过尺寸大小、尺度关系、光色和台地等有机地组织成一个完整的统一体，以达到体形与空间的有机共生。

实的体共同围合成一个大的虚“体”

虚的体的边界可以是实的面，也可以是虚的面。两块平行的墙面之间可形成三个虚面(两侧一顶)，折角的墙之间也可以形成两个虚面(一侧、一顶)，若是四根柱子围合，同样也可以形成五个虚面(四侧、一顶)等等，它们都能围合出虚的体，在其内部的空间是积极的、内向的，与消极空间的感受截然不同。比如在大型购物空间内，那些常常围绕柱子而设的休息座，尽管可以歇息一番，但总感觉此处不可久留，而在酒吧、咖啡厅之类的场合，就需要比较内向的“火车座”式的座位，显得安定感很强。这主要还是因为它是一个典型的“虚的体”。沙发不就是一个“虚的体”么，坐在里面比坐在外边感觉肯定要好得多。

布帘暗示着虚体的形成

曲线、面组合形成的虚的“体”

### 3.1.4 形式和空间的统一及变化

我们的视野通常是由形形色色的要素、不同形状、尺寸及色质的题材共同组成的，这些要素既有实体的，也有虚“体”的。室内空间这一大的虚体就是人运用实体形态要素限定出来的。所以，空间的形式与实体的要素是分不开的，同时，空间的相互关系及限定方式更是与实体要素不可分的。因此，实体要素的多少、造型、尺寸、色质、方位等都直接影响着空间的整体效果。即便是最简单的“方盒子”式的空间，实体要素的多或少，就可得到多少不同的室内空间效果，也给人带来不同的空间感觉。尽管是极为简化又抽象了的，但仍有许多可变因素，如变化形式、变化材质、变化色彩，假如再将比例、尺度等改变的话，空间感就会因更多的变化而产生变化。

用色彩、质地和图案来加工空间的界面

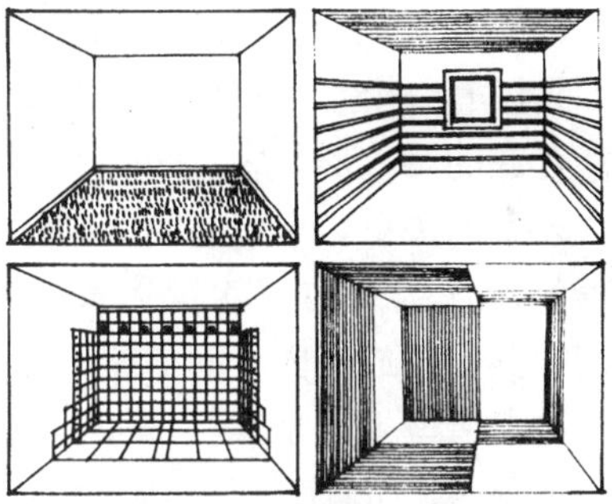

各种要素

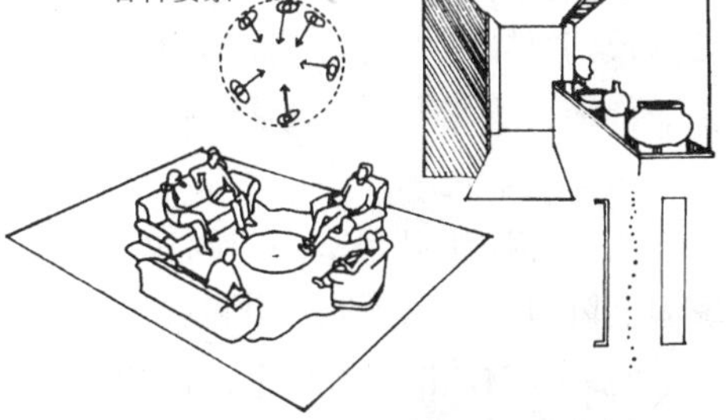

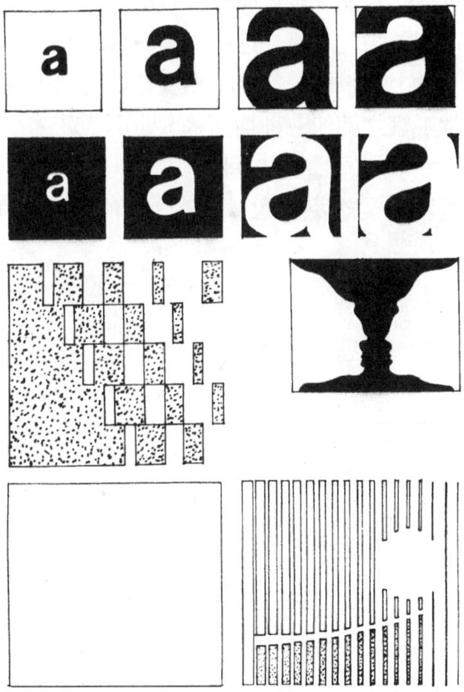

说了这么多，形成空间与形式的实体要素与虚“体”要素的相互关系，实际上就是图形与背景的关系，即正与负或形与底两个对立统一关系。

我们对一个构图的感知和理解，要看对于空间中正、负两种关系之间的视觉反映作何诠释和观照。字母“a”对于背景而言可认为是图形，因而可以感知这个单词。它的明度与它的背景形成对比，而且它的位置与其周围关系分离开来；但当它的尺寸在所处范围内逐渐增大时，字母或其周围的其他因素就开始争夺人们的视觉注意力。这时，形和底之间的正负关系将变得暧昧起来，以致可以将二者从视觉上转换过来，把形看成底，把底当作形。这样，就完全变成另外一种视觉感受了。可见，社会上一些“黑白颠倒”、“是非混淆”之事带来的也完全是另一副嘴脸。看样子，无论是咱们专业方面的设计，还是社会上的一些现象，都存在着“正负”之间矛盾。如何处理好这些矛盾，折射到设计上，就是解决好实体要素对空间的影响问题。实体要素越多，相应占据的空间也就越多，要是再多了，可能室内空间的“底”就要变味了，空间也就不成为其空间，也就成了让实体要素“活动”的“仓库”了。这时，人对于室内空间，就转变成为可有可无的多余之“物”，由“主角”降为什么呢？什么也不是！此说虽然激进一些，但现实中一些设计尤其居室设计，把各种能用不能用的实体要素充斥空间的作法，决不是凤毛鳞角，屈指可数的。这时，看来我们要对密斯的“少就是多”这句名言重新作一番学习、贯彻、执行”。

因此，在所有情况下我们都必须明白，吸引我们注意力的正要素的“形”，如果没有一个与之对比的背景，那是不可能存在的。故形与底之间的关系不只是对立要素的关系，它们共同形成一种不可分离的对立统一体。就像形式和空间的要素，共同形成室内空间的整体环境。只是别把二者颠倒过来就行。

那么，如何把握好实体要素的“形”在空间中的状态，使之理念化、秩序化，这就要涉及到具体的形式美方面的问题，诸如平衡、和谐、韵律等。下面逐一解释。

1. 平衡

前面多次讲到，室内空间及其围合物，家具、陈设、照明等通常是包含着造型、尺寸、色彩及材质的一种综合体，如何去组织这些要素则是对功能需要和审美考虑所作的回答。与此同时，这些要素的组织必须达到视觉上的平衡——是这些要素映射出来的视觉观察之间的一种均衡状态。

在整个室内空间中，每种要素均具有其独特的造型、尺寸、色彩和材质。这些

室内是造型色彩和肌理的结合

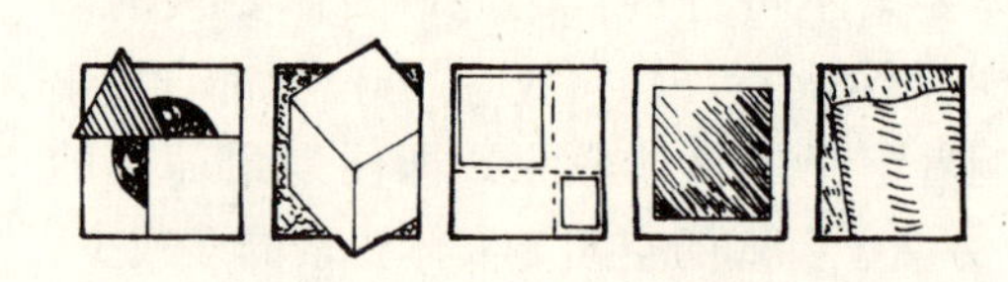

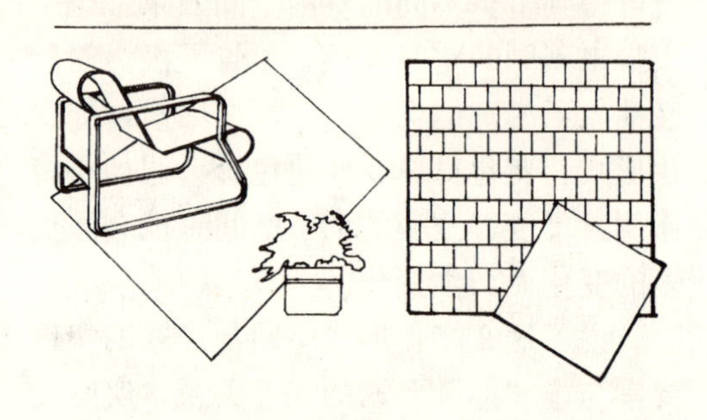

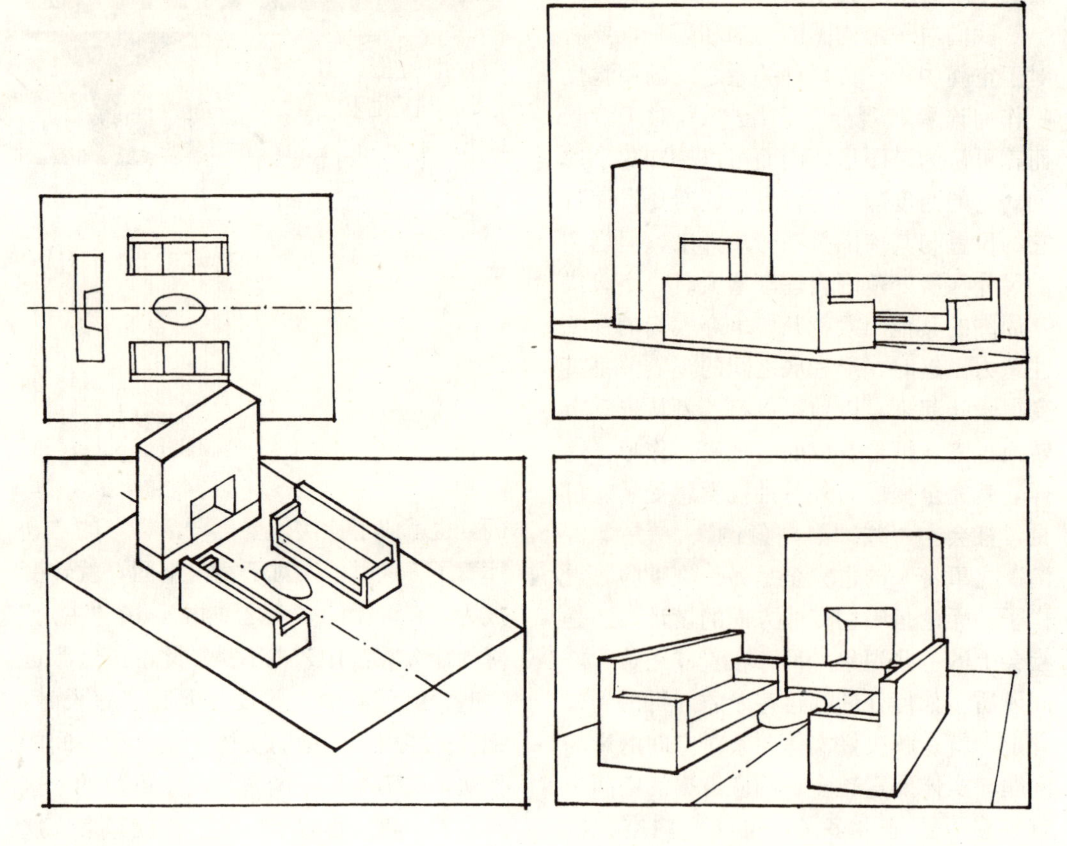

设置平面

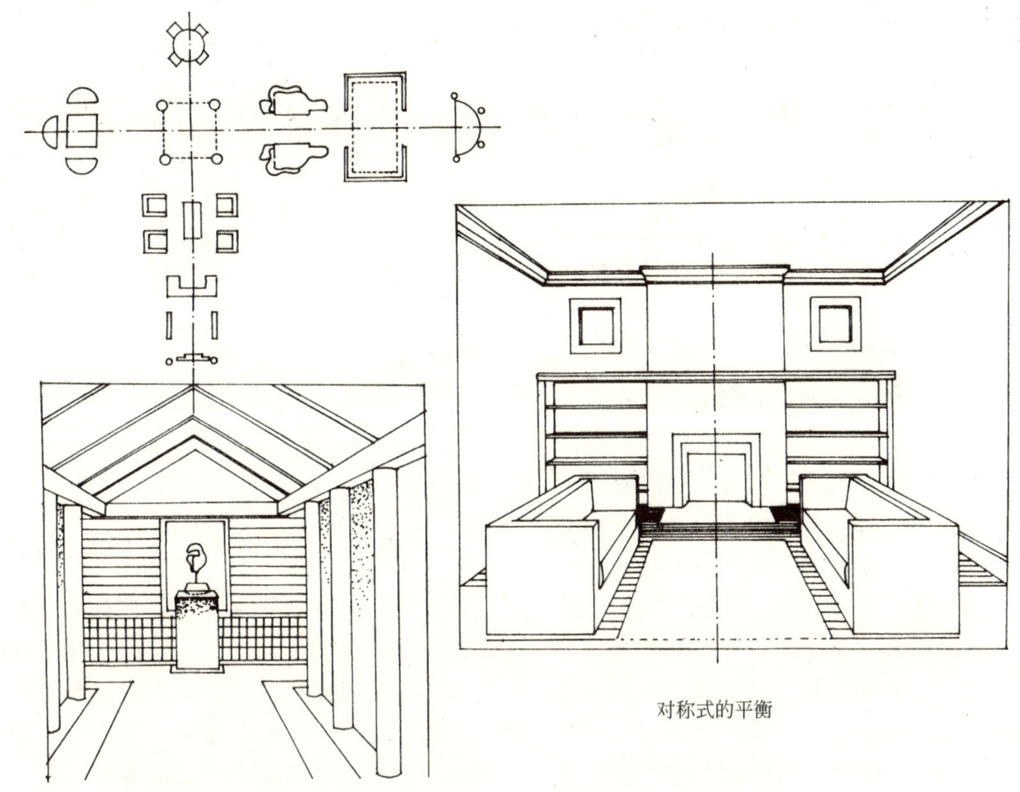

对称式的平衡

特性，协同其位置或方位等要素，共同决定了每一要素的视觉分量以及它在整个空间构成中各自吸引力的强弱。

能够突出并加强一个部件的视觉分量——吸引人们注意力的特性，包括：

（1）不规则的或具强烈对比的造型；

（2）鲜明的色彩和强反差的肌理；

（3）大尺度和超常的比例；

（4）精致的细部。

这些特性实际上也是第二章中“突出室内重点”的一些手法。

但并不是说，在室内空间中，是个部件都要突出其视觉分量，否则也谈不上视觉的平衡了。

我们对室内空间的视觉平衡的考虑，必须从三维以至四维来加以审视。当我们在一个房间中走动时，对房间和其部件的构图的感觉会有变化，当视点来回变动时，我们看到的空间透视也会随之变化。一个空间会因白天的日光和夜晚的灯光，会因居住的人和陈设而改变，所以应该从多维的层次上去考虑一个空间的各部件的视觉平衡。

一般有三类平衡形式：对称式、放射式和非对称式：

（1）对称式

沿一条公共轴线或对称轴安排相同的要素、统一的造型、一样的尺寸与对应的位置，便得到对称式平衡，即所谓“轴对称”或“两侧对称”。

对称式平衡常很容易显出宁静和稳定的平衡状态，尤其是朝向一个垂直面时更是如此。根据其空间关系，对称式布局既

完全对称

可强调其中区，也可使注意力集中在轴线的尽端。

对称是建立视觉秩序化的一种简单有效的手段。如果运用得当，可以布置出一个形式严谨的室内空间，然而，限于功能和客观条件，一个完全的对称经常是没有必要的，也是难以实现的。有时局部的对称就足矣。

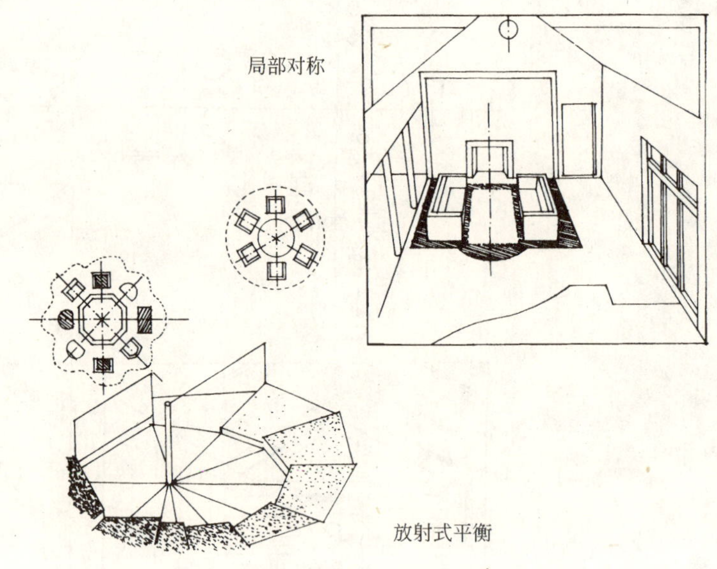
局部对称

放射式平衡

（2）放射式

放射式平衡就是将部件围绕中心点布置而获得的，它形成一种向心构图，将中央地带当作焦点加以强调，部件可以向中心内聚，也可背向中心面向外围，或者简单地环绕一个中心部件布置出来。

（3）非对称式

此种平衡方式就是在构图中的各要素无论在尺寸造型、色彩、还是相互关系上都缺乏相应的联系，对称构图需要几组相同的要素，而非对称构图则是不同要素的组合。

为了获得一种微妙的视觉平衡，非对称构图必须考虑视觉分量和构图中每个要素的“力场”，并且运用杠杆原理去安排各个要素。有视觉效果并引人注意的，是那些有异常造型或强烈色彩、沉重色调甚至有色质、肌理等特点的要素，能与这样的要素相抗衡的，则必须是效果较弱，但体块较大的或是距中心较远的要素。

非对称式平衡不如对称式那么显著，但它更具视觉能动性和主动性。它能表达动态、变化甚至勃勃生机之感，它较对称形式更具灵活性，能适应不同功能、空间和场所的各种条件。但非对称式平衡也容易走入误区，控制不住这个“度”，则会导致构图松散、零乱、无序，切切注意。

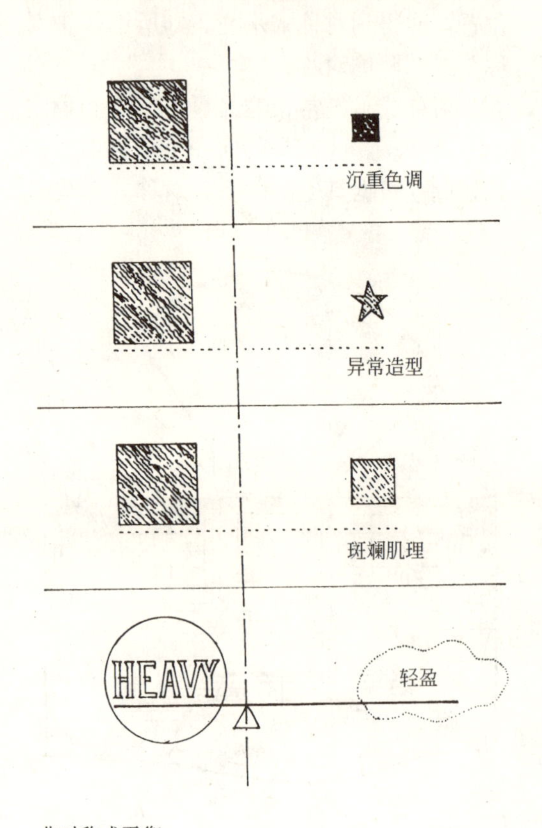

非对称式平衡

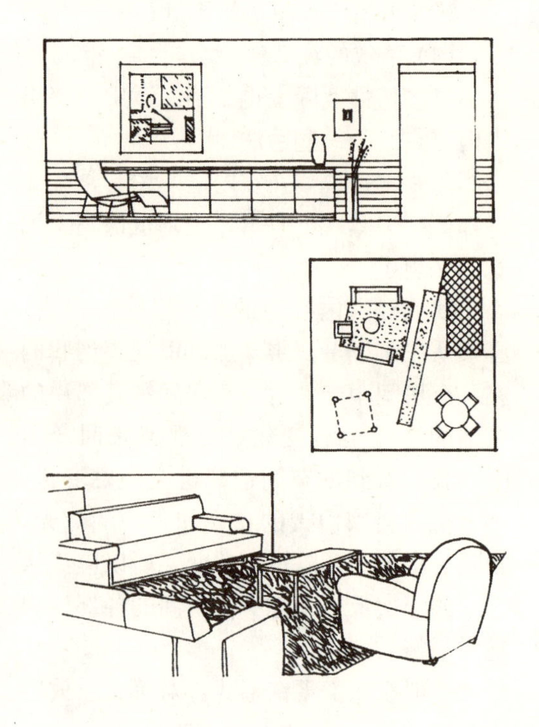

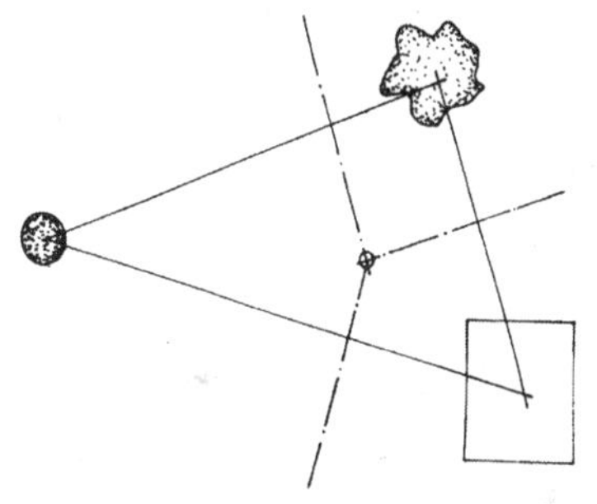

2. 和谐

和谐可理解为协调，或定义为体现在构图中各部分之间或各部分组合当中视觉的一致性。相似与不似的各要素，经过认真布置后使平衡取得统一。

和谐的原则，应包括对要素的精细选择，它们应存在一种共性，如造型上、色彩、肌理、尺寸或材质上的。正是某种共性的重复，在室内众多的要素中，产生统一感与视觉的和谐的一致。前面多次提到香山饭店设计，就是这方面的良好佐证和典范。

但当过分使用具有相似特性的要素时，和谐会陷入一种乏味的构图中。另一方面，为了追求趣味性而作过多变化，又将引起视觉的混乱。在有序与无序统一与变化之间存在着细致的和艺术的“紧张”状态，使室内空间布局呈现出活泼的、和谐的、趣味的气氛。

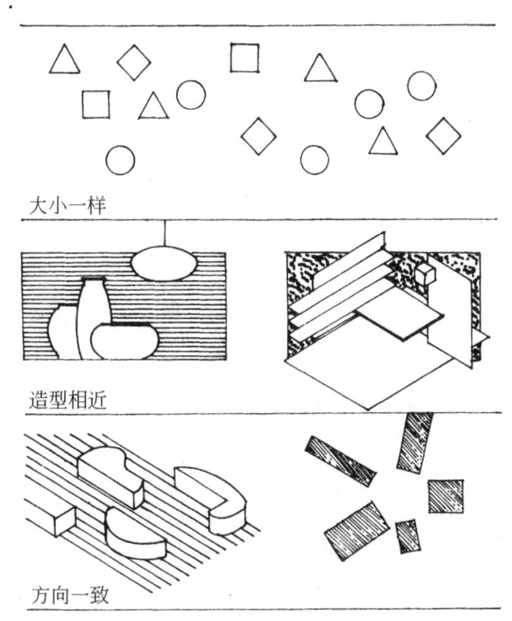

3. 韵律

韵律基于空间与时间中要素的重复——这种重复造成视觉上的整体感，同时也引导人们的视觉、知觉在同一构图之中，或环绕同一空间，或沿一条路线，作出连续而有节奏的运动与变化。

最简单的重复形式是沿着一条线形路径等距列置相同的部件。就像道路两旁的电线杆一样，一方面这种形式可能相当单调；但是在为近景中的要素部件提供背景韵律或者为限定一条富于质感的线，限定边界或点缀边缘时，却显得相当实用。

考虑到部件相互靠近的视觉联系倾向，或是它们共同的节奏感，就可进一步创造出更为复杂新颖的韵律。

要素的间隔和重复以及因之而产生的视觉节奏，可加以变化以产生一整套的和其衍生系列的图案；也可以强调其中的某些点要素，产生的韵律会是优雅而流畅

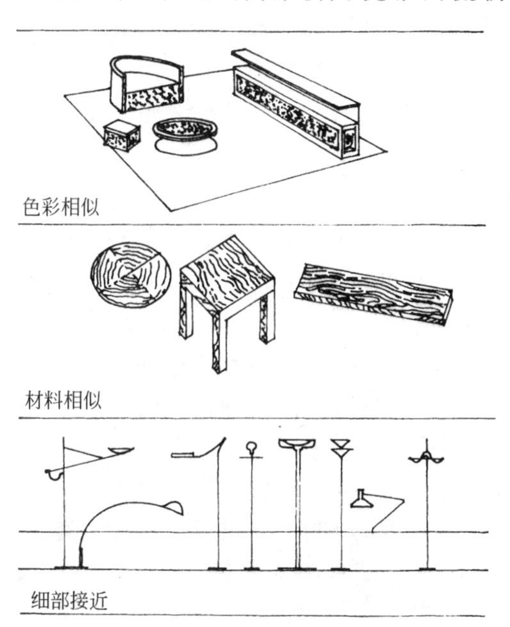

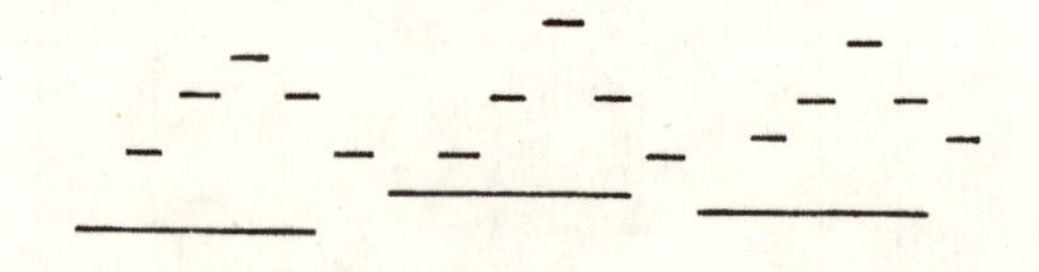

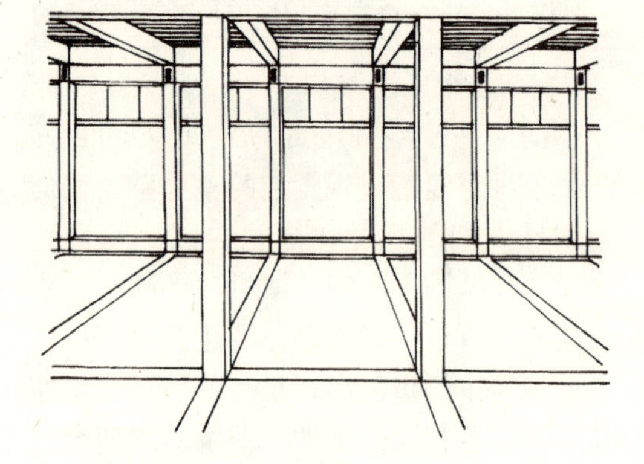

构件的重复带来的韵律变化

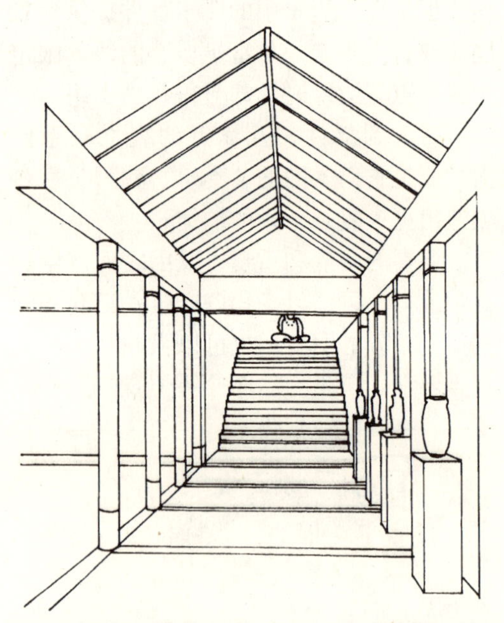

空间墙面和拱形顶部的造型图案，给人以美的韵律感和节奏感

的，也或是清新而鲜明的。富于韵律的图案轮廓和单体要素的外形又进一步强化这种序列感。

虽然这些要素为获得其连续感一定要具备共同的特性，但它们在形态、细部、颜色和质地上求些变化也是允许的。这些变化，无论是明显的或是含蓄的，都能提供一定程度的趣味性，并且也能导入其他层面，使之更加丰富。当然也可以把一个交替变化的韵律叠加在另一个更加有序的韵律之上，或者在大小、或者在色质上分级进行渐变，使其更具序列感和方向感。

经过重复形成线性的视觉韵律最容易让人辨认。然而在室内空间中，形态、色彩与质地中的一些非线性序列，就不会那么轻易看出来，可是却能产生更为微妙、含蓄的韵律效果，这也是我们最不易觉察出的。但在实际的具体设计过程中这些手法却时常运用，有时甚至成了套路，只不过平时没有从理论上归纳出来而已。

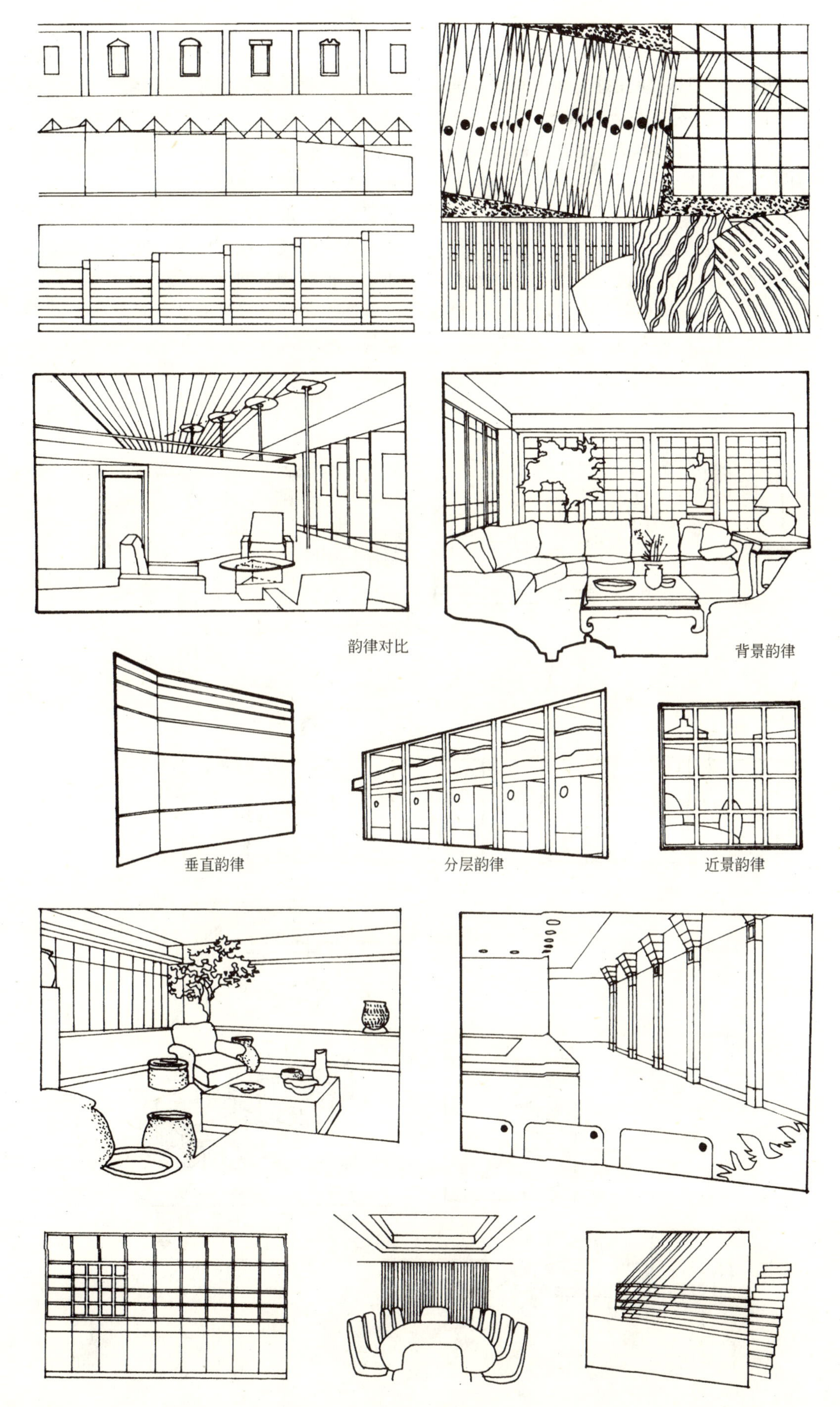
韵律对比
背景韵律
垂直韵律
分层韵律
近景韵律

4. 统一与变化

这是最需要重点强调的。就是在增强整体统一的同时，应注意平衡、和谐及韵律等并不排除对变化与趣味的追求；相反，平衡或和谐的本意是要把构图中一些互不相干的特性与要素兼收并蓄。假如非对称平衡，可使不同尺寸、不同形态、颜色或质地的各要素获得平衡，有相同特征的要素产生的和谐允许这些同类的要素具有统一中的变化，也就是允许个性特征的出现。否则，很容易被归人“千篇一律”的行列当中，成了被“克隆”的对象。

另一种是把互不相似的要素组合起来的方法，就是简单地使它们靠近，围合成组。这样，相对那些更远的要素来说，人们倾向于把这一组看成一个整体。有时为了进一步加强构图的视觉统一感，也可以沿着这些要素的外形，加上一条连续的线或一条轮廓线。在室内最常用的就是通过地毯，把四周各种不同的要素组织起来，或者通过吊顶的局部变化，使之下部诸要素与之相对应。

悬垂的织物此时成为空间的垂直要素

## 3.2 围合室内空间的垂直要素和水平要素的设计

形式和空间在室内中的共生关系在不同程度上都存在着。不论在哪种程度上，我们不仅要考虑到空间的形式，而且还要考虑到实体要素对周围空间的影响。对于室内，每一个空间形式和围护实体，不是决定了其周围的空间形式，就是被周围的空间形式所决定。无论是垂直要素还是水平要素，在限定空间方面都有它的主动和

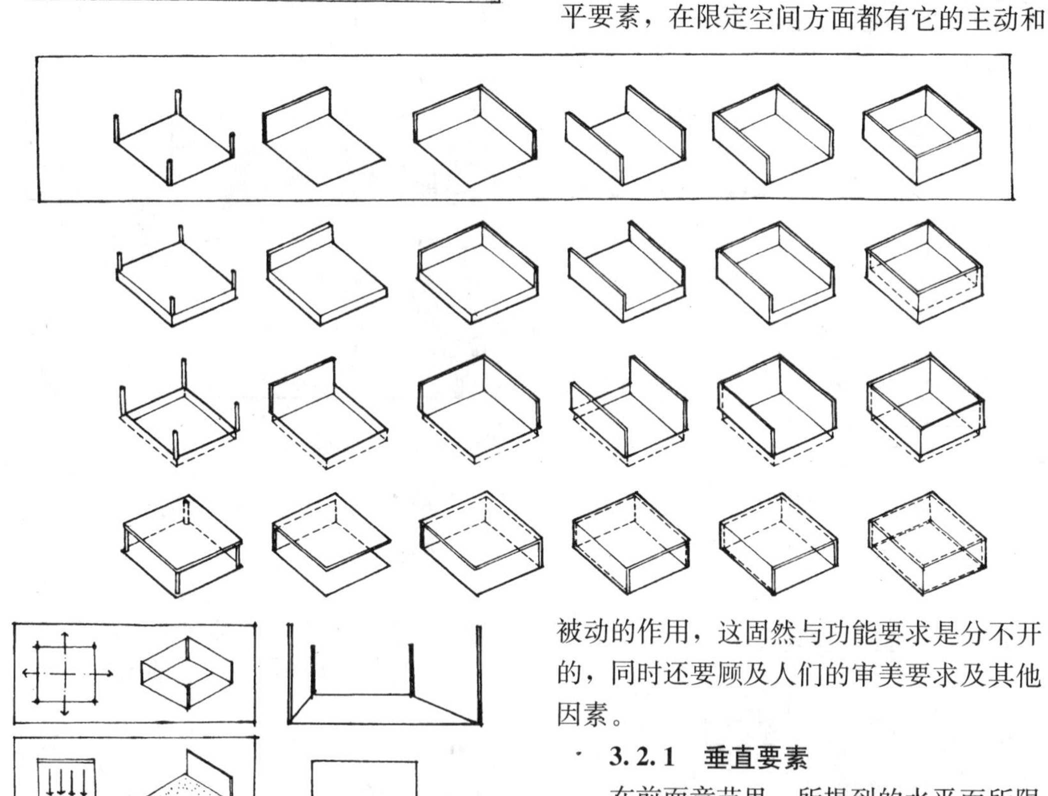

被动的作用，这固然与功能要求是分不开的，同时还要顾及人们的审美要求及其他因素。

### 3.2.1 垂直要素

在前面章节里，所提到的水平面所限定的空间范围，其垂直边缘是暗示性的。下面主要是通过垂直的形式要素从视觉上建立起一个空间的垂直界限。

垂直的形体，在我们的视觉范围内通常比水平的面更为活跃。因此，它是限定空间体积以及人们提供强烈的围合感的一个手法。垂直要素可以用来起承重作用，还可以控制室内外空间环境之间的视觉及空间的连续性，同时还有助于约束室内空间的气流、采光和声音等等。

1. 垂直的线要素

垂直的线要素，最易理解的就如一根

柱子，它在地面上确定一个点，而且在空间中令人注目。若是一根独立的柱子，它是没有方向性的，但两个柱子就可以限定一个面。一个柱子会明确围绕它的空间，并且与空间的围护物相互影响。柱子本身可以依附于墙面，以表明墙的表面，它也可以强化一个空间的转角部位，并且减弱墙面相交的感觉，柱子在空间中独立，可以限定出空间中各局部空间地带。

当柱子位于空间的中心时，柱子本身将确立为空间的中心，并且在它本身和周围墙面之间划定相等的空间地带，柱子偏离中心的位置，将划定不等的空间地带，其尺寸、形式和位置都会有所不同。

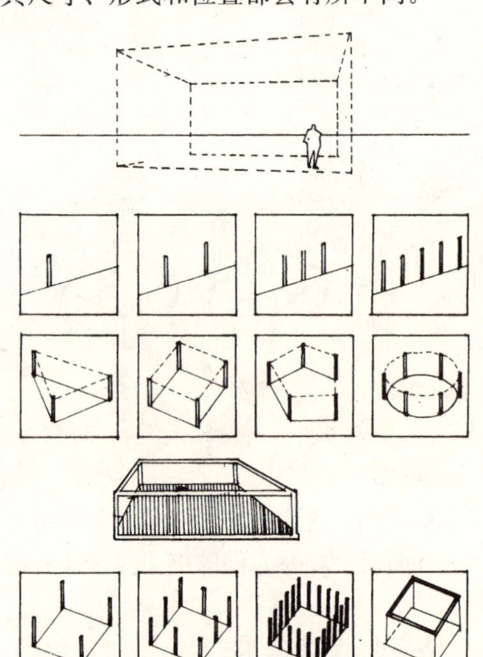

没有转角和边界的限定，就没有空间的体积。而线要素就可以用于此目的，去限定一种在环境中要求有视觉和空间连续性的空间，两个柱子限定出一个“虚的面”。三个或更多的柱子，则限定出空间体积的角，这个空间界限保持着与更大范围空间的自由联系，有时空间体积的边缘，可以用明确它的基面和在柱间设立装饰梁，或用一个顶面的方法来建立上部的界限，从而使空间体积的边缘在视觉上得到加强。这种办法的运用在现实设计中也很常见，有些大空间中设置的装饰构架“亭子”，就是这种手法的翻版。

垂直线要素可以用来终结一个轴线，标出一个空间的中心点，或者为沿其边缘的空间提供一个视觉焦点，成为一个象征性的要素。

柱子形成的垂直线要素，强化了空间体积的边缘

还以柱子为例，一排列柱或一个柱廊，可以限定空间体积的边缘，同时又可以使空间及周围之间具有视觉和空间的连续性，它们也可以依附于墙面，形成壁柱，表达出其表面的形式、韵律和比例。

作为垂直线要素的柱子，加强了空间的视觉感受

大空间的柱网，能建立一种固定的、中性的(交通要素除外)空间领域。在这里面，内部空间可以自由分隔和划分。

2. 垂直的面要素

以独立的垂直面为例，它单独直立在空间里，其视觉特点与独立柱截然不同。可把它当成是无限大或无限长的面的一部分，是穿越和分隔空间体积的一个片断。

一个面的两个表面，可以完全不同。面临着两个相似的空间，或者它们在形式、色彩和质感上不同，去适应或表达不同的空间条件。最常见的是室内的固定屏风，或像四合院入口处的照壁，既能使空

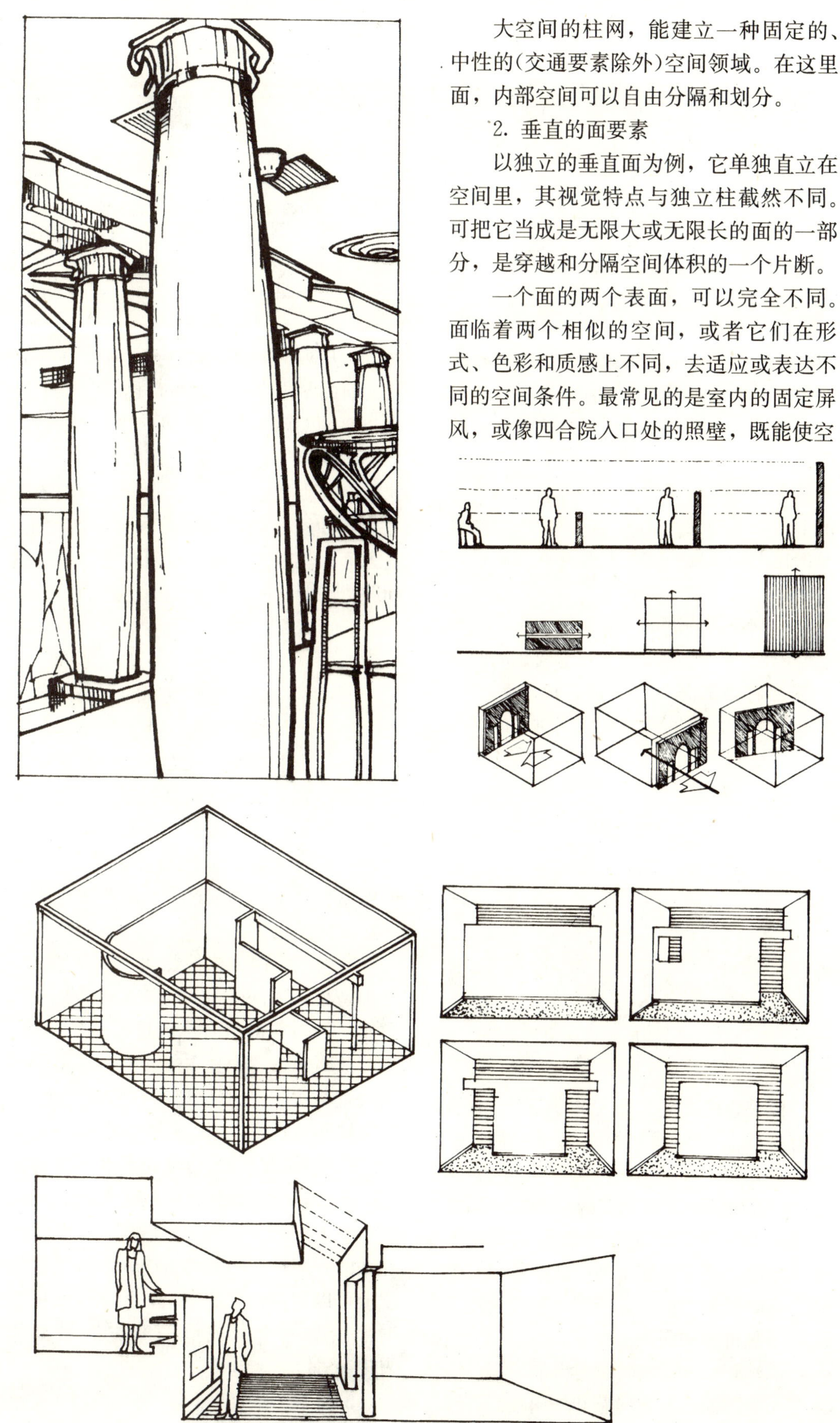

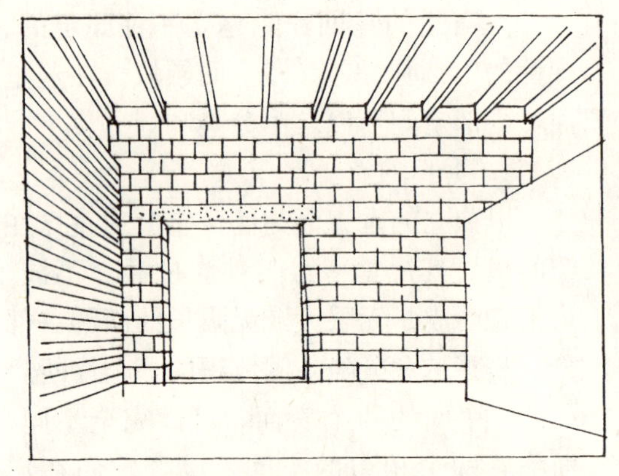

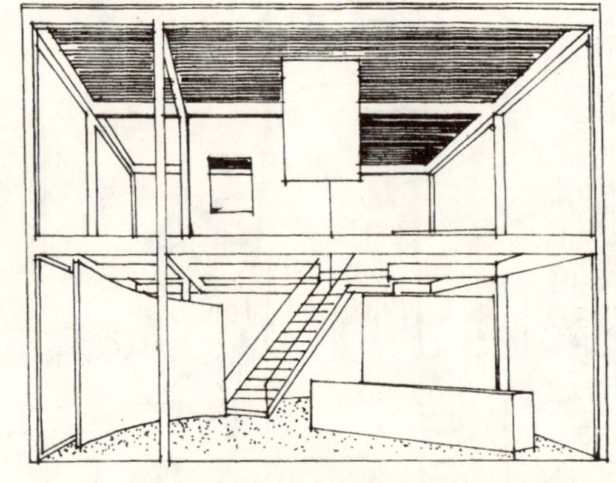

间有一个过渡，又能使屏风具有装饰性，成为空间的焦点或观赏特征。

一个面并不能完成限定它所面临空间范围的任务只能形成空间的一个边缘。为了限定一个空间体积，一个面必须与其他的形式要素相互起作用。这就牵涉到面自身的比例、尺度与空间及其他形式要素的关系。

一个面的高度影响到面从视觉上表现空间的能力。面的高低，对空间领域的围护感起着很大作用，同时，面的表面色彩、质感和图案将影响到我们对它的视觉分量，比例和量度的感知。

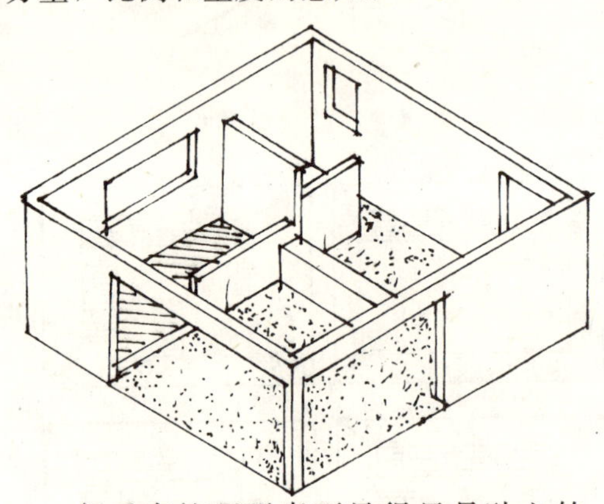

但垂直的面要素不见得只是独立的，还有一些其他形式，如L形垂直面、平行的垂直面、U形的垂直面等等。

(1) L形垂直面在室内空间中运用得不多。如果把L形的转角沙发的靠背算作垂直面，那它用在空间中就算是很常见了。有时再加上茶几，特别是地毯，使其区域感显得更加强烈。

(2) 平行的垂直面限定出的范围，能给空间一种强烈的方向感和外向性。有时通过对基面的处理，或者增加顶部要素的方法，从视觉上使空间得到加强。一些公共建筑的室内走廊在这方面体现得就很突出。但如果两个平行面相互之间在形式、色彩或质感上有所变化，那么就会使空间的限定产生视觉上的干扰和分散，轴线感也会被冲淡一些，空间感也会受到冲击。这方面，江南园林的沿墙回廊就很能说明问题。因此，限定一个交通空间的平行垂直面，可以是实的、不透明的，也可以由一面或两面都敞开的列柱、玻璃形成。这样，通道就变成了整体空间的一部分。

(3) U形的垂直面，其开敞的一端是该造型的基本特征。因为相对于其他三个面而言，它具有独特的有利方位，允许该范围与相邻空间保持视觉上和时间上的连续性。若把基面延伸出该造型的开放端，就可以在视觉上加强这个空间范围进入相邻空间的感觉。

室内空间内部构件要素和组合可以呈U形造型，去限定和围起一个区域空间，形成一种内向的组合。该造型的转角处，可以被明确表达为独立的要素，常见的酒店大堂休息区，姑且把由沙发围合的U形区域作为垂直要素。虽然矮些，但它的两个转角处有时以台灯或花木点缀成为独立的要素，起着烘托气氛的作用。

室内空间的U形围护物，由于朝着开敞的一端具有明确的方向性，并且在尺度上可以存在较大的变化，因此，此种造型常以凹入空间或墙的壁龛等来具体表现。

**3.2.2 水平要素**

在室内空间中，水平要素常以面或线

面要素的图案、色彩影响着空间的视觉份量

的形式来体现，但主要还是以面为基本特征。

1. 基面

具体到实际室内空间中，为了使一个水平的面可被当作一个图形，因此在水平面的表面上，必须在色彩或质感上赋予它可以感知的变化。这样，水平的面界限就越清晰，它所划定的范围就会表示得更明确，界限内的空间领域感就显得愈加强烈，虽然在这个已经限定的领域里视觉是可以流动的。因此，在室内空间中常常用对基面的明确表达，使之划定出一个空间领域，以表示明确的功能分区。

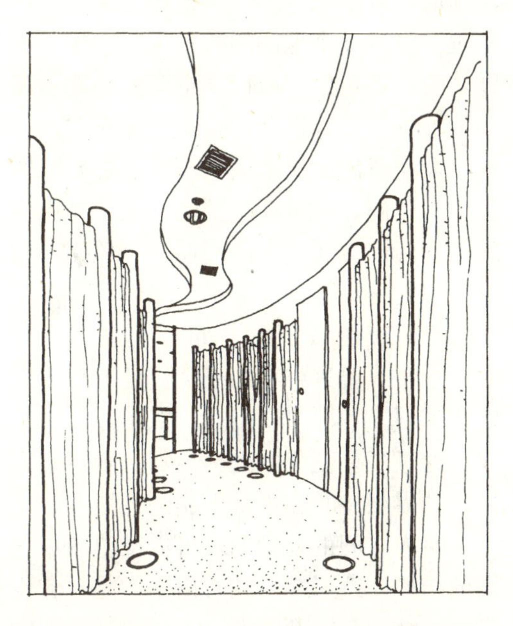

顶面水平要素的变化和墙面的垂直要素具有强烈的方向性

(1) 基面抬起

这种空间限定的手法也已经是司空见惯的了。抬高基面的局部，将在大空间范围内创造一个空间领域，沿着抬高面的边缘高度变化，限定出这一领域的界限。在这个小领域内的视觉感受，将随着抬起面的高度变化而变化，如果将边缘用形、色彩或材质加以变化，那么，这个领域就具有多种多样的性格和特色了。

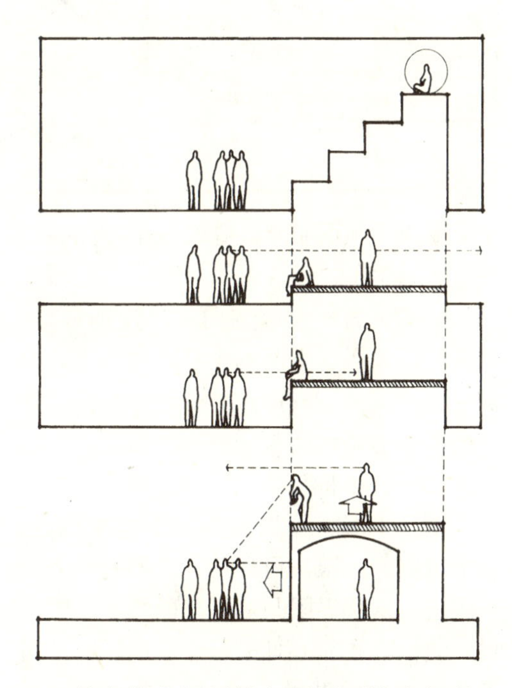

抬高的空间领域与周围环境之间的空间和视觉连续的程度，是依赖抬高的尺度变化而维系的。一般存在下列几种可能性：一是抬起高度只相当于几个踏步高，这时范围的边缘虽得到良好的限定，但视觉及空间的连续性仍然不受影响，继续得到维持，人们感觉也较易接近。当抬起高度稍低于正常人的高度时，某些视觉的连续性尚可以得到维持，但空间的连续性就被中断了。人们进出要借助于楼梯或高踏步。但当抬起高度超过了正常人的高度许多时，无论是视觉还是空间的连续性都被中断了，所抬高的面对于下面的空间来说

抬高的地面强调了交通空间的领域感

完全变成了顶面要素，这时一个空间夹层便应运而生了。

一般认为，抬起的面所限定的领域，如果其位置居于空间的中心或轴线上，则容易在视觉上形成焦点，受人瞩目。现在一些歌厅的舞台就常采用这种做法。

(2) 基面下沉

基面下沉也可以明确一个空间范围，这个范围的界限，可以用下沉的垂直表面来限定。这些界限与面抬起的情况不大一样，它们不是靠心理暗示形成的，而是可见的边缘，并开始形成这个空间领域的“墙”。实际上，基面下沉与基面抬起也是“形”与“底”的相互转换。若基面下沉的位置沿着空间的周边地带，那么，中间地带就成了相对的“基面抬起”。

基面下沉的范围和周围地带之间的空间连续程度，取决于高度(称深度也许更合适)变化的尺度，增加下沉范围的深度，可以削弱该领域与周围空间之间的视觉关系，并加强它作为一个不同空间体积的明确性。一旦下沉到使原来的基面高出我们的视平面时，下沉范围实际上本身就变成了一个独立的“房间”。

综合上面讲的两种基面处理方法，我们可以有一个基本理解：踏上一个抬起的空间，可以表现该空间领域的外向性或重要性；而在下沉于周围环境的特定空间里，则暗示着空间的内向性或私密感。

2. 顶面

和一把大伞能提供某种围护一样，一个顶面可以限定它本身和地面之间的空间范围。由于这个范围的外边缘是由顶面的外边缘所界定的，所以其空间的形式由顶面的形状、尺寸以及距地高度所决定。

前面所说的对基面的不同处理，限定了空间范围，该空间范围的上限，是由空间的延续部分所形成的；而一个顶面，则可以限定出一个不连续的空间体积。

用垂直的线要素，如柱子来支撑顶面，这些线要素将有助于从视觉上形成界定空间的界限；同样，如果顶面下的基面，通过高差变化的处理，那么限定空间体积的界限将会在视觉上得到加强。

室内空间的顶棚面，可以反映支承作用的结构体系形式。较常出现的是：它也可以与结构分离开，形成空间中视觉上的积极因素。

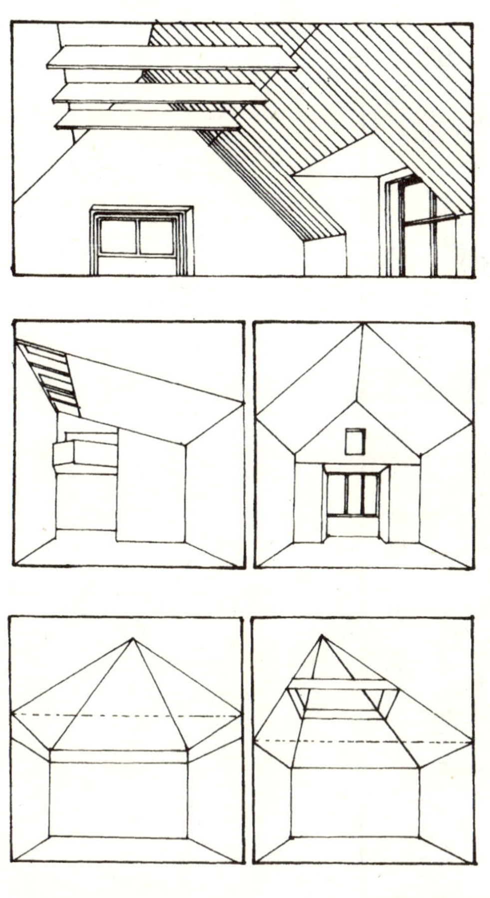

顶棚的各种不同形式

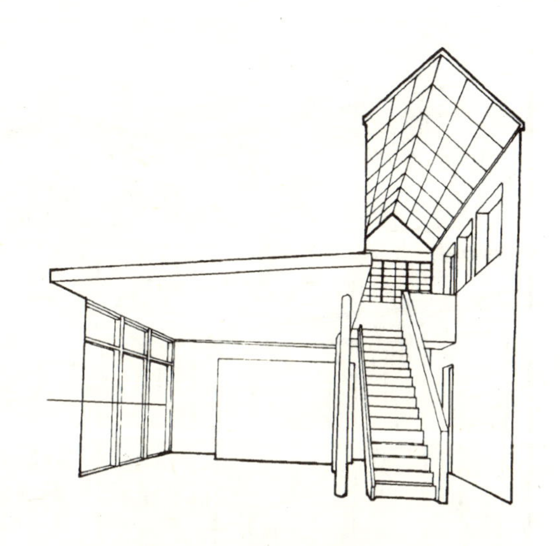

就像基面一样，顶棚也可以经过多种处理，去划分空间中的各个局部空间地带，通过下降或升起以改变其空间尺度。当然，也可以使顶棚变成相互间隔的特殊造型，强化空间氛围和趣味性，有时甚至可以使顶棚与墙面自然连成一个整体，造成一种奇特效果。实际上，顶棚面的形式、色彩、材质或图案，都能影响到空间的整体效果。可见，在功能允许的前提下，对顶棚面的设计是可以任由我们大施拳脚的。

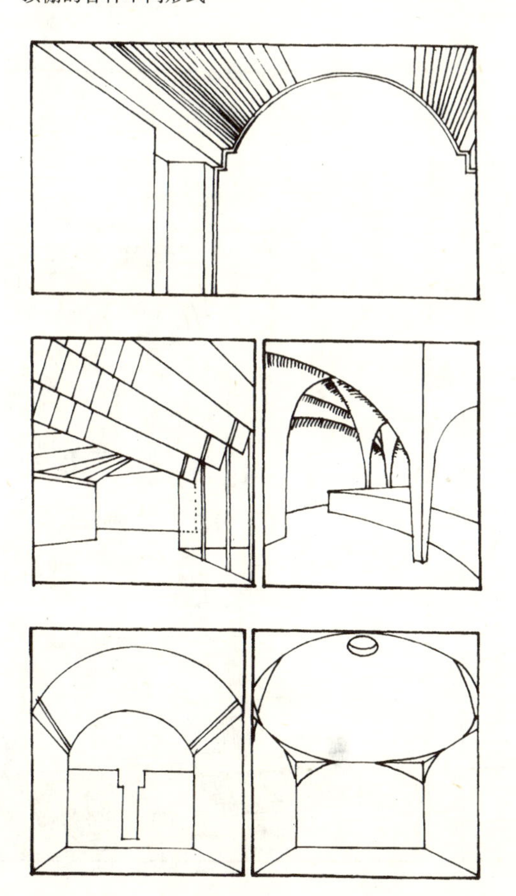

顶面的高低变化，限定出不同的空间范围

垂直的柱子与顶面结合，使空间限定得到加强

顶面与墙面、柱子的有机结合

顶面的结构使材质之美得到充分展现

顶部中央的升起改变了空间尺度感

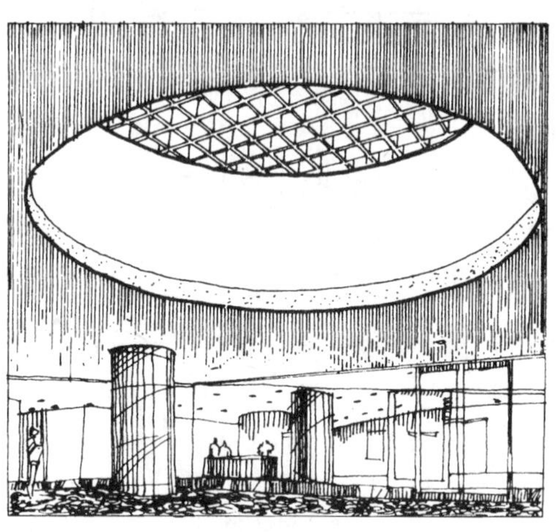

具有装饰图案效果的现代结构，充满动态和韵律

顶部局部与墙面自然连成一体

### 3.2.3 对室内空间感的调节

人们对室内空间的感受一般体现在以下几个方面：比例与尺度，封闭与开敞，丰富与简洁，亲切与冷漠，人工与自然，秩序与混乱，动与静等等。

我们在设计过程中，不可能对原有空间十分满意，否则也不需要我们为设计瞎忙活了。这就需要我们对于不理想的空间感受，通过色彩、线型、材质照明、陈设、绿化、水体、错觉、开洞及启发联想等进行调节，以满足人们各种多样的心理需求。

用色彩调节

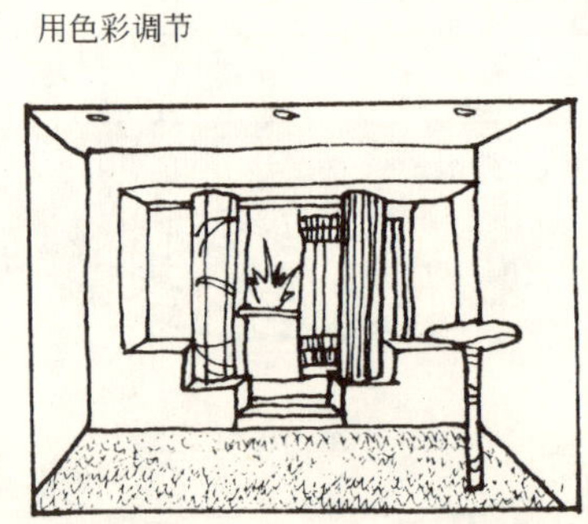

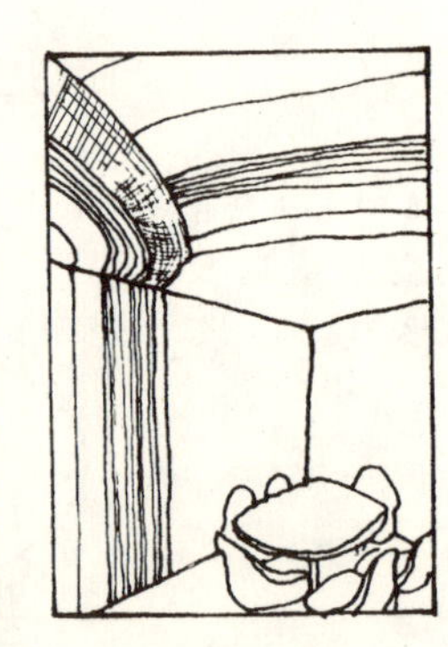

用材质调节

用造型图案调节

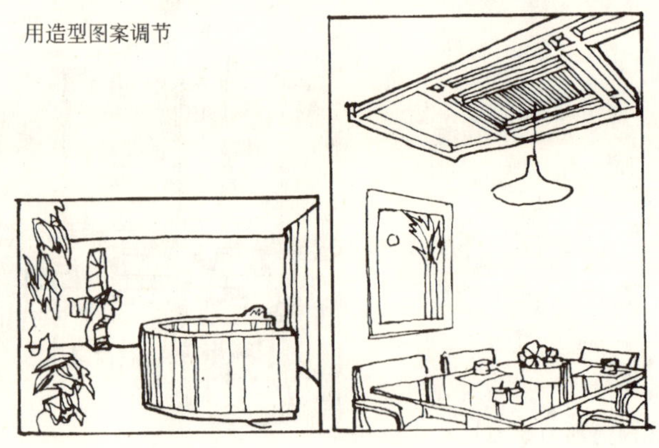

用照明调节

用错觉调节

用开洞调节

### 3.2.4 对围合空间界面等要素的艺术创造及特色追求

前面说过，围合室内空间的垂直要素和水平要素主要通过墙面、各种隔断、地面和顶棚等来具体体现，这些要素均有各自的功能和结构特点。在绝大多数空间里，这几种要素之间的边界是泾渭分明的；但有时由于某种功能或艺术上的需要，边界并不明确，甚至浑然一体。

不同要素的艺术处理都是对形、色、光、质等造型因素恰当的合理的运用，都共同遵循着艺术规律和设计原则。一些形式和空间的基础要素等方面的知识固然重要，因为它是为我们做好室内空间设计建构起来的基本框架，但光有骨头没有血肉不行，那是没有鲜活生命的，可有了血肉也不见得就完美无缺了，因为它可能缺少性格和个性——即“特色”。

讲到这儿，似乎又有许多话不吐不快。在眼下信息化、数字化的社会环境中，对于室内空间设计，其宗旨，说穿了，就是为了方便人们各种各样的生活，让人们在室内空间中把主要精力和更多时间投入到自己的个性化生活中去。作为室内空间，本应在人们个性化生活中增添一抹亮色，使之相互“配套”、相互促进，可现在许多设计师反而将应该有特点的空间类型“美化”成一个个标准面孔，结果使空间“美”得让人“认”不出来了。我们万万不可效仿那些婚纱影楼里的化妆师们，本来生活中有一个玛丽莲·梦露、莎朗·斯通就够了，但如果把女人都整容成她们那般模样，虚假到没有任何表现力，那就真成了灾难。谚语说：没有两片相同的树叶，更何况活生生的人？话又说回来，更何况那些各种各样的室内空间？

我们不希望作一个蹩脚的厨师，只会重复一种单调的菜式，把人们的口味趋同；我们也不希望像好莱坞硬汉施瓦辛格那样，老是在作类型化的重复表演，总有一天会让观众大倒胃口。否则，这只能是走向悬崖的最简单的“设计”方法和最佳“捷径”。鉴于此，只有室内功能的多样

通过镜面，扩大空间感

化、空间形式的多样化、风格特色的多样化、设计方法的多样化，才能避免“千篇一律”化、“整齐划一”化。

室内空间作为人们活动的主要场所，无论其所要解决的功能要求，所要处理的空间关系，所要考虑的人的生理和心理习惯，比起室外来，都要细致、复杂得多。室内空间的各要素不说包罗万象，也是五花八门，因此设计得不好，就会失其本质，结果，或是罗列堆砌，与原设计思路相去甚远；或是七拼八凑，成为格调低下的大杂烩；或是自以为别出心裁，实则是莫名其妙、俗不可耐。

划清同上述所列格调的界限，其实并不太难，而如何在空间设计中做到统一而不单调、丰富而不散乱，就不是那么容易了。关键看有没有形成自己的风格和特色，这才是症结所在。凡是与总体风格要求和特色要求不符的、相抵触的，再吸引人的造型，再豪华的材料，再绚丽色彩，再精妙的手法，也要舍得忍痛割爱。这似乎不难做到，但现实中一些设计却往往难以割舍。细分析起来，其中原因大致有两种：一是设计构思中的风格和特色，在设计师头脑中毫无概念可言，结果就会在设计过程中见“好”就搬；二是设计构思中

表现结构的面

表现材质的面

表现光影的面

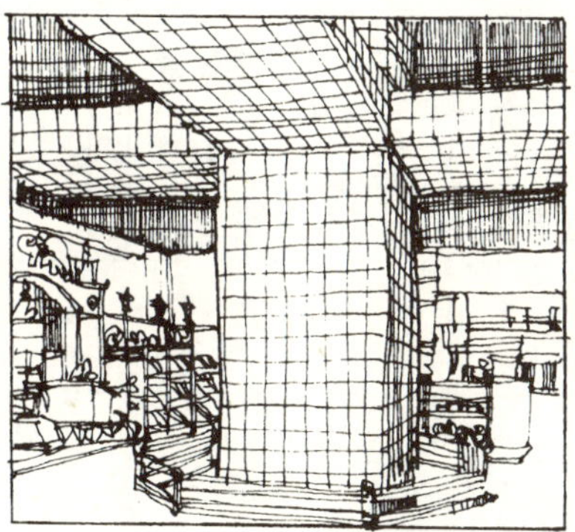

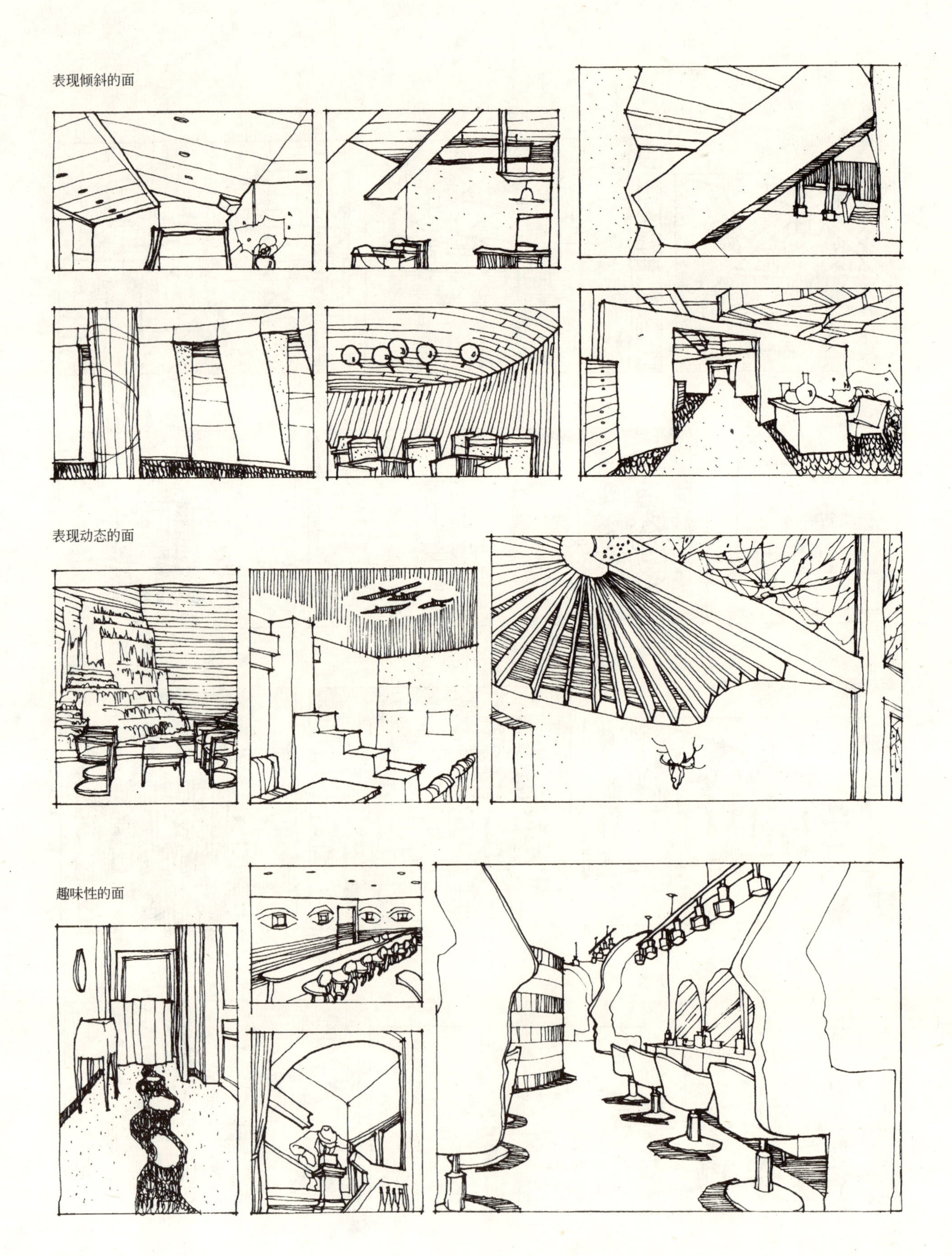

表现倾斜的面

表现动态的面

趣味性的面

表现几何形体的面

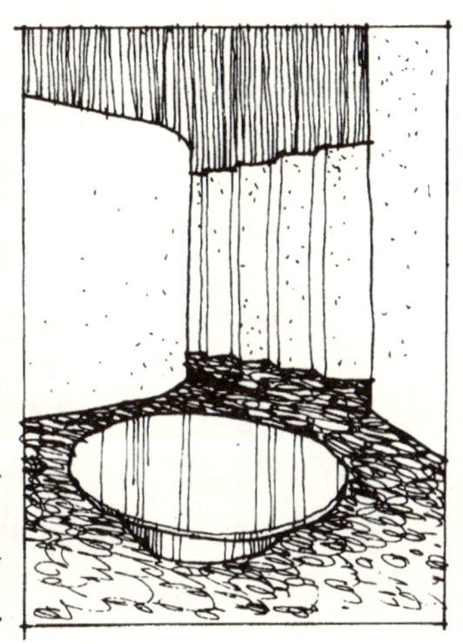

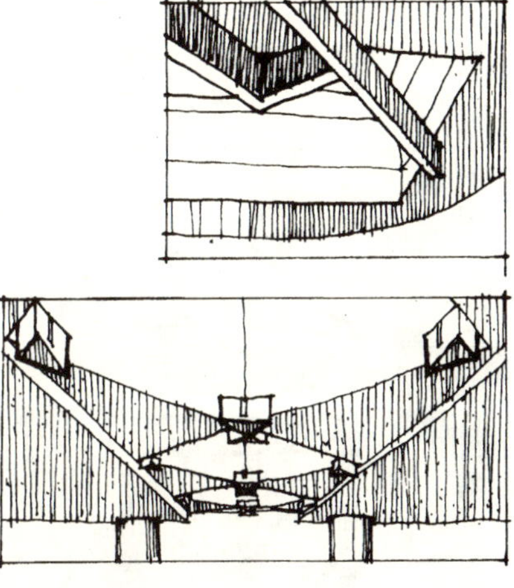

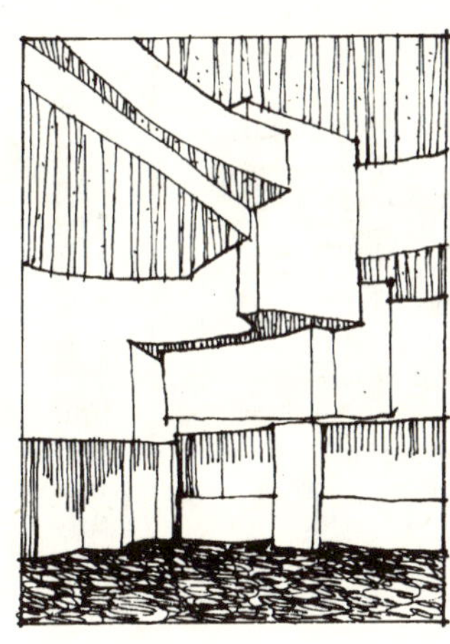

自然过渡的面

表现层次变化的面

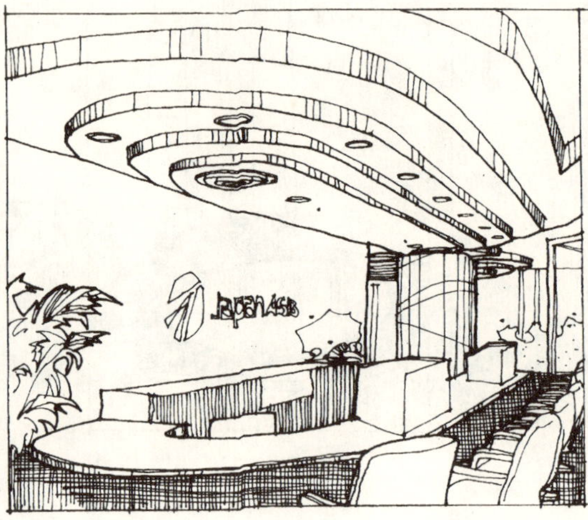

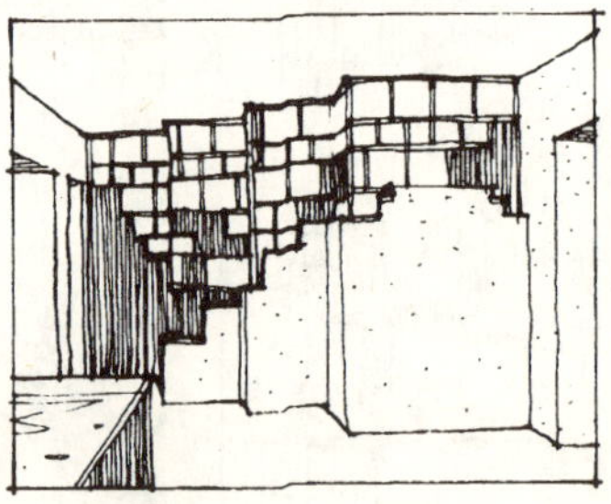

运用图案的面

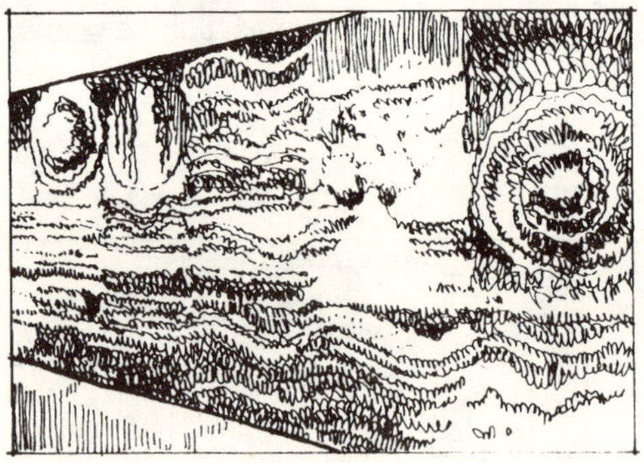

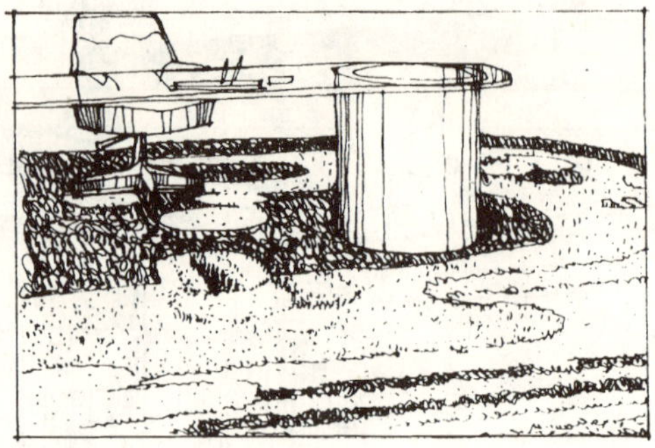

开洞口的面

自然形态的面

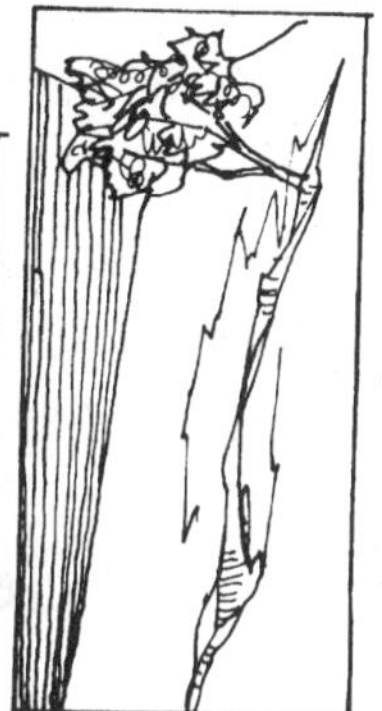

悬垂或覆盖物的面

主题性的面

导向性的面

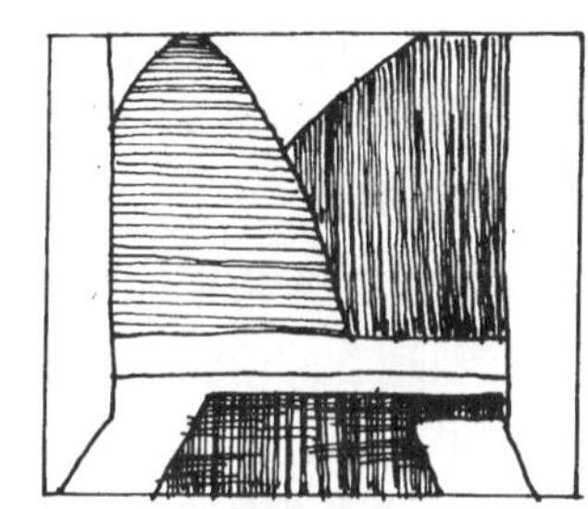

虚幻的面

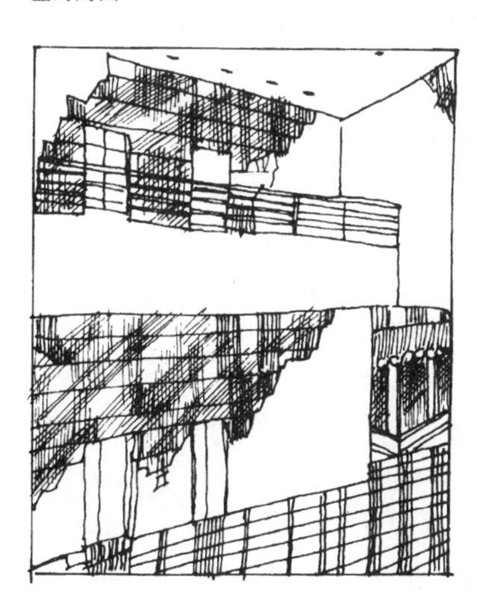

绿化的面

的风格和特色脱离实际，无法贯彻始终，最后只好走到哪儿算哪儿。对这两种情形，特色也就成了无特色。

因为不谈特色谈统一，统一也就失去方向和目标，对特色的追求，才会可能达到统一。室内空间设计作为融科学技术和传统、文化于一体的综合门类，比起绘画、音乐等纯艺术，要受到更多的客观制约，诸如结构、材料、功能、技术经济乃至气候等等。离开这些因素，想入非非地去创造什么空间风格和特色，不是事倍功半，就是盲人骑瞎马，走向主观愿望的反面。

然而，室内空间艺术终究是一种很形象的设计范畴，是从我们对有感染力的形象记忆中创造出来的。完全指望理性的分析显然不够，要借助于形象思维，比如能抓住与这个空间形式有联系或确定某个主题(重点表现什么)等做文章，以现代技术，将它们表现出来，就具有了独特的创意。这时，特色也就自然而然地显现出来了。

自从“形式追随功能”这句名言问世以来，从功能出发，从平面研究入手，平面既是设计的出发点；又是构思的源泉。这样，对空间造型的讨论就被放在次要的位置上。实际上，“形随功能”只是为其创造新风格鸣锣开道的，在构思伊始就很有必要根据环境特点、功能需要去酝酿空间形象，对之做初始的、知觉的特色探讨。

一切从空间出发，才能在设计中把握主流，才能赋予特色更高的意义，并隐藏在特色之中。借助于空间形象及其所蕴含着的情调、神韵、气氛、尺度、节奏、韵律、风格等显现出来。至于墙面的位置和虚实，隔断的高矮和闭透，地面的升起和下沉，顶棚的错落和变化以及色彩、材质、照明等都是构成空间的基本要素。这使设计思想也有了依据，避免了一个面一个面地孤立设计的片面作法，这样也容易形成新的东西，为空间设计的创造和创新，奠定了良好基石。

对于室内空间，科学技术是设计发展的助推器，传统与文化同样也不例外。从整个设计发展历史来看是这样，从某段设计发展历史来看也是这样，从某段设计发展史中的某个片断来看更是这样。这就需要创造力来驱使，创新能力往往决定着室内空间设计的未来发展走向，如果不尽快扭转那种模式化的设计思想和设计方法，所谓创新能力的提高也只是空谈。

提到创新，也并不意味着就要摒弃本土化和传统文化。就像一些以“现代”为标榜的音乐会，这堆作品多在人们听觉审美域限之外拨弄声音。比如古筝不弹用来拍打，小提琴专找杀鸡之声恐吓听众；再不就乐谱来回翻弄奏出“哗哗”之声等等。等你出了音乐厅，发现这些高深莫名的作品都是一个模子脱出来的胚。我们不怀疑这些艺术家追求个性的原始动机，但就是这么不巧，他们不约而同地走到一起来了。仿佛从一个怪圈又进入了另一个怪圈，成了又一种“趋同”。

时至今日，当整个世界变得如同一个“村庄”之时，中国人在传统文化与现代文明的交织中坎坷走进了21世纪。在世人大叹世风日下、人心不古的呼号声中，对传统的反思，对历史的回眸已成为人们寻找设计新理念的门票。

就室内空间设计而言，在经历了“窗外”西方设计思潮的狂轰滥炸之后，面对那些离生活越来越远的设计作品，面对那些越来越令人摸不着头脑但又颇为“时尚”的设计语言，人们不由得重新开始用理性的眼光去寻找那被久久淡忘的传统文化所带来的魅力。当我们静静凝视着历史所留存下来的室内空间作品，感受着他们强烈表达出来的人本思想和生活气息，似乎找到了开启中国设计之门的金钥匙。站在传统文化铺就的阶石上跃上新台阶，感觉比什么都踏实。因为任何时代的发展，任何思维的进步都不应该以忘却历史、淡漠传统为代价；而应该以更理性、更科学的态度去汲取精华、剔除糟粕。只有这样，社会才会充满生机；也只有这样，才会使室内空间充满无穷的底蕴。

现实中一些所谓标新立异的空间设计又是怎样的呢？名曰创新，实则拼凑。不结合空间的特点、功能的要求，人们的心理、整体的协调，一味追求形式上“突变”，使建筑空间原本质的东西丧失殆尽。这种状况决不是个别的。

从“有序”与“无序”而论，社会进入“拉锯时代”。就好比灭蟑螂，连打带喷药，看着是灭净了，几天不打就又多起来。越是招人“膈应”的东西，生命力往往还越强，就越具有“抗药性”；越是可爱的好东西，越需要环境培育和人的仔细；但是，作为咱们这个空间设计的发展和落后，（不否认有一定进步），恰恰就是这两者间的此消彼长。有人说，那些发达国家在空间设计发展早期也遇到过今天我们所遇到的同类问题，言外之意是“时间长了自然会好”。但是不是自然会好？

看样子，真要把所谓“室内空间设计”搞好了，似乎还不是想像的那般简单。既要有设计观，又要有方法论，更要我们的“自律”。

但也要想到这一点，室内空间设计也并非想像的那般“高不可攀”，不就是要把一个“破旧”的空间重新给整出彩儿来么，只要咱们抓住那些本质的东西，再找出“突破口”，是会让空间变得有“特色”起来的。就像前面提到的“有序”和“无序”，这是一个潜藏着的内在矛盾，需要一个“度”来把握。

说到“度”，自然会涉及到空间设计的“定位”问题；谈特色追求，也离不开“定位”问题。说白了，对这个“度”，就是要在设计中把握好“分寸”（或曰“得体”），使之恰如其分。

在处理空间整体与具体要素或与外界的关系时，都有是否“得体”的问题值得琢磨。如果设计的空间就其功能或位置注定是配角，就应甘当最佳配角，而不必去与“主角”平分秋色、喧宾夺主。这实际上还是“定位”问题，不要动不动就想做成“真实的谎言”或“泰坦尼克号”之类的所谓“大片”。就像室内空间，有的适合、也要求具备“大片”的特质；但有的却没必要照这个路子走，一样可以出“精品”、有“特色”。

因此，定位准了，把握好“分寸”，掌握住“度”，就容易对室内空间进行宏观调控。这比什么都重要。至于具体运用，则需要循序渐进，逐步掌握；但并非要因此而丢失我们的创造活力，当我们生气十足地进行空间设计时，常常可能在手法上没有达到成熟的境地；而当我们在设计上相对“成熟”的时候，当初的生气和活力常常已经离去，搞出来的设计往往充满陈腐、老态而缺乏生命活力。这虽然并不是规律，但却也很常见。

因此，对于空间设计，如果我们过分注重功能上的内容，往往会概念先行，以空间之外的东西替代空间本身；而如果过分重视空间的视觉效果，又常常会忽略了空间本身的主角——人，设计中多点“人间烟火”，少点喧宾夺主，虽然似乎空间“效果”有点弱化，但是更接近生活本源。

我们处在一个对空间设计开始“认真”的阶段，这种“认真”的态度使我们清醒地认识到我们自身的“斤两”。我们为我们眼前设计能力的上升而庆幸，我们也同样为我们不太令人满意的设计创造力而苦恼。好在我们已经意识到了，好在我们已经懂得追赶。

我们需要奔跑，是因为我们已经知道奔跑的重要性；但我们还要知道奔跑的姿势，我们还要知道奔跑姿势的重要性，因为那决定着我们奔跑的速度，因为别人已经跑在前面。愿以此与大家共勉，如果我们在空间设计方面能了解到一些东西，掌握住一些方法，创造出一些好的空间设计作品，哪怕有一点点小的突破，也算是一桩幸事。但愿，但愿。

让我们一起奔跑起来吧。

# 室内空间设计作业练习

前面几章阐述的都是室内空间设计理论方面的内容及一些设计方法论，但作为教材，毕竟还要通过一定的课题练习，在实战中逐步提高自身的设计能力。下面是根据每个章节的内容出的一些作业练习。

第1章作业练习

1. 构思下列几种类型的空间，并绘出透视草图

(1) 静态空间；

(2) 动态空间；

(3) 虚拟空间。

2. 从空间造型的角度，构思一个令人感到亲切的空间和一个冷漠的空间，并绘出透视草图

第2章作业练习

1. 构思几种不同形状的空间，绘出透视草图

(1) 以曲面为主题；

(2) 以斜面为主题；

(3) 以三角形为主题。

2. 构思下列3种尺度的空间，分别绘出透视草图

(1) 宜人的尺度；

(2) 亲切的尺度；

(3) 夸张的尺度。

3. 构思划分空间的5种半隔断和5种象征性划分空间的手法，分别绘出透视草图

第3章作业练习

1. 以下各题均绘出透视草图

(1) 构思一个充分体现“韵律”的空间；

(2) 构思一个对称空间和一个不对称空间；

(3) 构思一个表现结构的面和一个表现层次变化的面。

2. 在某建筑的第三层，给你一个6m×12m的空间（轴线距离），入口设在长边的一端，墙面或封闭、或通透、或开窗均自便，顶部高度3.5m。请你在此范围内设计一个小型设计工作室。要求绘出平面图、顶棚平面图、主要立面图及彩色透视效果图。图纸要求：均为2号图纸。

# 主要参考文献


1. 梁世英. 室内空间设计. 张绮曼. 郑曙旸主编. 室内设计资料集. 北京. 中国建筑工业出版社. 1991
2. 张绮曼主编郑曙旸副主编. 室内设计经典集. 北京. 中国建筑工业出版社. 1994
3. 彭一刚. 建筑空间组合论. 北京. 中国建筑工业出版社. 1983
4. 朱小平著. 室内设计. 天津美术出版社. 1990
5. 史春珊 袁纯暇编著. 现代室内设计与施工. 黑龙江科技出版社. 1988
6. (美)弗郎西斯·D·K·钦著. 室内设计图解. 乐民成编译. 北京. 中国建筑工业出版社. 1992
7. (美)弗郎西斯·D·K·钦著. 建筑：形式·空间和秩序. 邹德侬 方千里译. 北京. 中国建筑工业出版社. 1987
8. 张良君编著. 室内环境与气氛的创造. 世界建筑导报丛书
9. (意)布鲁诺·赛维著. 建筑空间论. 张似赞译. 北京. 中国建筑工业出版社. 1985
10. 辛华泉 南舜薰编著. 建筑构成. 北京. 中国建筑工业出版社. 1990
11. 小慧，建筑师，1989，33：157～190
12. 刘森林. 室内设计与装修. 1998，3：20～23
13. 李道增. 世界建筑. 9806. 976～80

波特曼设计的美国旧金山海特摄政旅馆中庭

波特曼设计的亚特兰大桃树广场酒店中庭

波特曼设计的新加坡泛太平洋酒店中庭

菲利浦·约翰逊设计的水晶教堂

室内空间形式的韵律美

共享空间表现出的不同效果

贝聿铭设计的美国国家艺术馆
东馆大厅

波特曼设计的桃树广场酒店内部二次装修中的共存现象

室内空间的不同领域形成的整体感，风格协调统一

Gates 1–22
Gate 23
Gate 24
Restaurants
商店 Shops
23
CX 1725 09:15
Kuala Lumpur

原结构形式的利用

夹层的运用充分利用了原室内空间

空间的对称构图

空间的分隔和联系

空间的不同限定方式

空间的引导与暗示

空间领域感的形成

空间领域感的形成

室内空间室外化

内开敞空间形成向心感

外开敞空间与室外保持联系

利用灯光、色彩，使空间充满神秘气氛

室内重点的形成

通过界面的变化处理,改变空间的视觉感受

空间界面的线条变化，改变了空间的尺度感

室内重点的形成

R. HOWARD DOBBS UNIVERSITY CENTER

空间形态要素的组织

千福体检中心
QIANFU HEALTHCARE CHECKUP CENTRE

室内空间感的调节

利用色彩、图案，强化视觉效果